MANUEL

CHRONOMÉTRIQUE,

OU PRÉCIS

DE CE QUI CONCERNE LE TEMS, SES DIVISIONS, SES MESURES, LEURS USAGES, etc.

PUBLIÉ

Par ANTIDE JANVIER,

Horloger-Mécanicien; de l'Académie des Sciences, Belles-Lettres et Arts de Besançon, etc.

Ulteriora mirari, præsentia sequi.
TACIT.

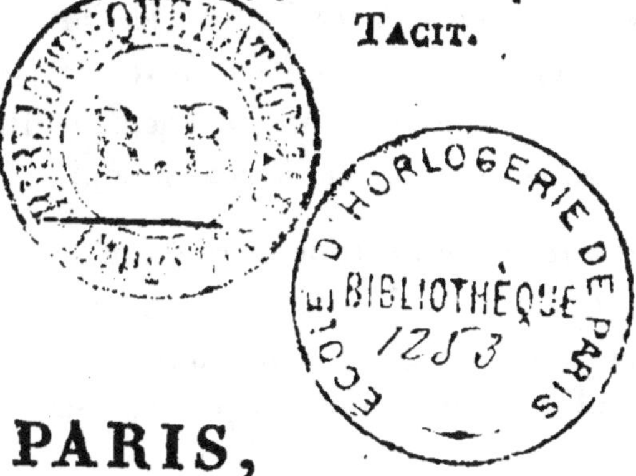

PARIS,

IMPRIMERIE DE Mme Ve COURCIER.

1815.

A MON FRÈRE.

Quæ sunt dura pati, meminisse
dulce est. Sen.

En vous dédiant cet opuscule pour marque de mon affection fraternelle, je suis bien aise en même tems d'apprendre à nos contemporains que la vôtre fut toujours indépendante des caprices de la fortune et de la vicissitude des choses humaines; et que, du moment où j'ai tout perdu, vous m'avez plus étroitement investi de votre tendresse.

« Car vous le savez, mon ami, j'ai fait des pertes douloureuses et de toutes les sortes; la perte irréparable de ma fortune entière est la moindre : mais au milieu de ce grand naufrage, vous me restez! jusqu'à la fin, soyez-en sûr, je supporterai la vie avec courage. je ferai plus, je l'aimerai... tant que vous existerez. » Et tant que vous existerez, plaignez le vieillard que le triste bienfait des longues années condamne à rester seul.

« Il voit autour de lui tout périr, tout changer,
A la race nouvelle il se trouve étranger;
Et lorsqu'à ses regards la lumière est ravie,
Il n'a plus, en mourant, à perdre que la vie. »

A. JANVIER.

Paris, le 25 novembre 1815.

Monumentum gloriae exercitûs......
Quod non imber edax, non Aquilo impotens
Possit diruere........ HORAT. Lib. III Od. XXIV.

AVERTISSEMENT.

Summa sequor fastigia rerum.
VIRG.

JE publiai ce volume à la fin de 1810, sous le titre d'*Étrennes Chronométriques, pour l'an* 1811, et le Calendrier qui l'accompagnait fit confondre un Livre de tous les tems, dans la foule d'Almanachs qui paraissent aux premiers jours de janvier, auxquels se borne le règne des Étrennes. D'ailleurs, malgré la loi que je m'étais faite de ne pas augmenter l'ouvrage de P. le Roy, je m'aperçus, à l'impression, que j'en avais plus que doublé l'étendue; et je conviens que tout lecteur est en droit de faire de justes reproches à celui qui abuse ainsi de sa complaisance.

Dans un écrit où l'on ne se propose que l'instruction, l'on doit s'appliquer particulièrement à être concis. Maupertuis prenait autant de peine pour rendre ses ouvrages très-courts, que d'autres en prennent pour les rendre volumineux.

A

Celui-ci a reçu 'quelques modifications dans plusieurs articles : on y trouvera des citations curieuses sur les différentes espèces de périodes usitées chez les anciens pour compter les tems ; une nouvelle détermination de la longueur de l'année, par le mouvement séculaire du Soleil, suivant les calculs de M. Delambre ; un développement plus étendu des effets de la répétition dans les montres ; des notions précises sur les pendules et les montres à équation, sur le mécanisme le plus simple que l'on ait adapté à ces machines pour leur faire marquer le tems vrai, et sur l'utilité qui peut en revenir dans l'usage civil; diverses observations critiques sur la sphère de Passemant, les nombres de dents et la distribution des roues qui produisent les révolutions représentées dans cette machine ; enfin deux nouvelles planches, gravées avec beaucoup de soin, lui assurent encore un autre avantage sur la dernière Edition.

MANUEL CHRONOMÉTRIQUE.

PREMIÈRE PARTIE.

Des Divisions naturelles du Tems.

ARTICLE PREMIER.

De la nature du Tems, etc.

Dieu dit au mouvement, du tems sois la mesure.

T. O. S. L. T.

« LE tems, par sa nature, est une quantité réelle, puisqu'il en a toutes les propriétés, qu'il est susceptible d'augmentation ou de diminution, et de divers autres rapports, soit d'égalités, soit d'inégalités. Cependant si l'on veut connaître la juste quantité du tems écoulé, il faut avoir recours au mouvement des corps, puisque nous n'avons pas d'autres moyens de juger des intervalles successifs et de les comparer entr'eux. La mesure du tems suppose donc le mouvement, le mouvement suppose l'espace, et pour le prouver, il suffit de marcher. La présence du tems se fait perpétuellement sentir, tout est soumis à ses lois ; la destruction et la reproduction des êtres s'opère dans le tems ; son cœurs rapide nous entraîne avec lui... Le moment où je parle est déjà loin de moi.

» Puisque le tems s'écoule nécessairement d'une manière constante et uniforme, le mouvement le plus propre à nous en faire connaître la quantité, et par conséquent à nous servir de mesure, doit être celui qui de sa nature est simple et uniforme ; en un mot, ce doit être celui qui, étant une fois imprimé à un corps, s'y conserve, et lui fait parcourir dans des tems égaux des espaces égaux, et par conséquent décrire des périodes égales. Les mouvemens du soleil et de la lune ont été regardés jusqu'ici comme les mesures du tems les plus avantageuses. »

ARTICLE II.

De l'Année.

LA nature et l'étude de l'astronomie ont donné aux hommes les divisions du tems par jours, semaines, mois et années. Si l'on remonte aux tems les plus éloignés, on voit que l'on ne comptait que par des jours, ensuite par des mois lunaires de trente jours ; on n'eut long-tems d'autre mesure chez tous les peuples du monde, même chez les Égyptiens. L'année solaire était trop longue pour être aperçue aussitô' et aussi facilement que le retour des lunaisons ou des phases de la lune ; cet astre, en changeant tous les jours d'une manière sensible le lieu de son lever et de son coucher, en variant sans cesse sa figure, et recommençant ensuite un nouvel ordre de changemens tout semblables, offrait une règle publique et des nombres faciles sans le secours de l'écriture, des calculs, des dates, des almanachs ; les peuples trouvaient dans le ciel un avertissement perpétuel de ce qu'ils avaient à faire ; les familles, nouvellement formées et dispersées dans les campagnes, se réunissaient sans méprise, au terme convenu de quelques phases de la lune. Suivant le rapport de Cook, les habitans de l'île de Taïti comptent encore par lunes.

Les travaux de l'agriculture dépendant de la vicissitude des saisons, et les premiers habitans de la terre s'étant aperçus qu'elles venaient des différentes situations du soleil par rapport à eux, ils s'attachèrent bientôt à connaître le nombre de jours, l'espace de tems que cet astre emploie à revenir au même point du ciel : cet intervalle que les astronomes déterminèrent ensuite avec précision, fut nommé par eux *année solaire* ou *astronomique.*

Dans l'Écriture sainte, ce que l'on a traduit par année s'appelait *min*, jours, c'est-à-dire assemblage de jours (Costard, *Hist. of Astr.*,

p. 45); suivant d'autres, le mot hébreu *Shanah*, d'où l'on a tiré le substantif que nous traduisons par année, ne signifie que *iteravit*, et peut s'appliquer à toute espèce de période ; le mot grec Μήνη, qni signifie la lune, paraît venir du mot hébreu ou chaldéen *manah, numeravit, supputavit*. (*Voyez sur cette année d'un mois*, Diod., liv. 1, p. 22, édit. de 1603. Varron, cité par Lactance, *Inst.*, *lib.* 11, *cap.* 13, *p.* 169, *édit. de* 1748. Pline, *lib.* VII, *cap.* 48, et *lib.* XVI, *cap. ult.* sur les années des Gaulois.)

A l'année d'un mois succédèrent celles de deux mois (Censorinus, cap. 19), celles de trois et de quatre. (Plut., *in Numa. Solinus, cap.* 3. S. Augustin, *de Civit. Dei*, XV. 12.) Les années de quatre mois étaient naturelles en Égypte, par la manière dont le débordement du Nil partageait les saisons (Voyez Bailly, p. 8 et 100). Enfin celles de douze mois furent d'abord usitées chez les Égyptiens (Clém. d'Alex., p. 361). L'année des patriarches fut premièrement de 336 jours (Fréret, p. 413), ensuite de 354 ; elle en eut 360 du tems de Moïse, 1550 ans avant notre ère. Cette année fut formée par les Égyptiens, de 12 mois lunaires, chacun de 30 jours en nombres ronds, et elle subsista dans l'usage civil, même dans le tems où l'on savait très-bien que les mois lunaires étaient de 29 1/2 jours, et les années solaires de 365. Voyez la Dissertation d'Allin, dans la Théorie de la Terre ; de

Wiston, liv. II, page 144, édition de 1737 ;
Marsham, page 425.

La durée de l'année, déduite de la comparaison des équinoxes observés par Hipparque, est, suivant Lalande, de 365 jours 5 heures 48′ 48″ (*Mém.*, 1782, pag. 249). Ptolémée supposait 55′ 12″ ; Copernic, 49′ 16″ 23‴ 1/2 : c'est la durée de l'année employée dans le calendrier grégorien. Flamsteed et Newton trouvaient 57″ 1/2 ; Halley, 55″ ; Mayer, 51″ ; La Caille, 49″ (*Mém.*, 1757). On trouve encore 48″ 1/2, en comparant le résultat des observations de la Hire, calculées par La Caille.

En déterminant la durée de l'année par le mouv. séculaire du soleil, cent années moyennes vaudront 365247,226396593684, et l'année, ... 365ʲ,242264, ou 365ʲ 5ʰ 48′ 51″,6. M. Delambre estime que cette durée ne doit guères différer de 365ʲ 5ʰ 48′ 50 ou 51″.

Mais cette durée moyenne est trop longue pour notre siècle et les suivans. Par un milieu entre les 400 ans qui commencent à 1800, l'année, pendant quatre siècles, ne serait que de 365ʲ 5ʰ 48′ 37″. (Connais. des Tems, 1799, p. 318.)

Les années civiles ou communes sont, comme on sait, de 365 jours, excepté une de quatre en quatre, de 366 jours, qu'on nomme *année bissextile.*

Jules-César fut l'auteur de cette addition d'un jour tous les quatre ans ; il voulut faire corres-

pondre les années civiles aux années astronomiques, ensorte qu'en la même saison l'on comp-
tât les mêmes mois, et qu'on pût dire que le printems arrivait toujours au même tems de l'année.
(*Voyez* Censorinus, cap. 10; Suétone, dans la
Vie de César; Dion Cassius, liv. XLIII; Solinus,
ch. 3; Macrobe, *Saturn., liv.* 1, *ch.* 14.) Jules-
César était curieux d'astronomie, il avait lui-
même composé divers ouvrages :

Media inter prœlia semper
Stellarum cœlique plagis superisque vacavi,
Nec meus Eudoxi vincetur fastibus annus.

Phars. x. 185.

« César était à la fois dictateur et pontife, ce
soin le regardait principalement. Pour s'en acquit-
ter avec plus d'exactitude, il fit venir *Sosigènes*,
mathématicien d'Égypte, qui s'occupa sérieu-
sement de ce travail. Pline (XVIII, 25) fait
l'éloge de l'application que Sosigènes y donna :
Ipse ternis commentationibus, quanquam
diligentior esset cœteris, non cessavit tamen
addubitare, ipse semet corrigendo. Il fit sentir
à César qu'on ne pouvait établir une forme constante dans les années, à moins qu'on n'abandonnât
la lune pour s'en tenir aux mouvemens du soleil. En conséquence il fut ordonné, l'an de

Rome 708 (*), qu'à chaque quatrième année, les six heures négligées dans chacune des précédentes, formeraient un trois cent soixante-sixième jour, qu'on nommerait *intercalaire* ou *bissextile*.

» Le jour intercalaire fut placé après le 23 février, ou le septième des calendes de mars et avant le régifuge, ou la fête instituée en mémoire de l'expulsion de Tarquin, qui se célébrait le VI des calendes : ce jour, au lieu d'être le 24, se trouvait alors le 25 ; et le 24, qui était le jour intercalaire, s'appelait *bis sexto calendas martias*, parce que le jour du régifuge conservait son nom de *sexto calendas*, et se trouvait le 25 : de là vient le nom d'années *bissextiles* pour celles où le mois de février avait 29 jours, et où le 24 s'appelait *bis sexto calendas*. »

Par cet expédient, l'année civile fixée à 365 jours 6 heures, se trouva différer de l'année solaire seulement de 11′ 12″ en excès. Cette erreur, quoique imperceptible, produisait environ un jour en cent

---

(*) Ce fut dans les années 47 et 46 avant J. C., suivant la manière de compter des chronologistes, que se fit la réforme ; et l'année 45, ou 4669 de la période julienne, fut la première année julienne régulière : l'équinoxe arriva le 25 septembre.

trente-quatre années ; ensorte que , depuis la correction de César jusqu'à l'an 1582 , où le pape Grégoire XIII fit une nouvelle réforme dans le Calendrier , les équinoxes avaient remonté au commencement des mois où ils se trouvent ; et celui du printems, autrement appelé l'*équinoxe pascal,* se rencontrait au 11 mars , au lieu de se trouver au 21 de ce mois , où le concile de Nicée l'avait fixé l'an 325.

Pour réparer ce dérangement qui s'augmentait chaque année , et pour remettre les équinoxes dans la place déterminée par le concile , Grégoire XIII , d'après l'avis des plus habiles astronomes , surtout de Clavius , ordonna par une bulle , que l'an 1582 on retrancherait les dix jours d'erreur produits depuis le concile de Nicée , par l'excès des onze minutes de l'année julienne sur l'année solaire ou astronomique , et que l'on compterait le 15 octobre lorsque l'on ne devait compter que le 5.

Et afin de prévenir une semblable erreur à l'avenir , il fut arrêté qu'en 400 ans , on retrancherait trois bissextiles ; par conséquent les années 1700 et 1800 n'ont pas été bissextiles , et l'an 1900 ne le sera pas non plus , parce que 1600 l'a été.

« La forme du Calendrier grégorien est d'une exactitude bien suffisante ; cependant comme la durée exacte de l'année diffère de 11′ 12″ de l'année julienne, au lieu de 10′ 43″ 36‴ 1/2 , cela fait un jour en 128 ans 57/100, ou sept jours en 900 ans ; il faudrait ôter 28 jours en trente siècles au lieu de 27 qu'on ôte réellement. Ainsi l'an 5200, il faudrait ôter la bissextile, et il n'y en aurait point depuis 4800 jusqu'en 5600.

ARTICLE III.

Du premier jour de l'Année.

LE premier jour de l'année n'a jamais été le même chez les différentes nations. Les Persans commencent l'année dans un tems qui répond à notre mois de juin ; les Chinois et la plupart des Indiens, avec la lune de mars ; les Mexicains, suivant d'Acosta, le 23 février, lorsque la verdure commence à paraître ; les Mahométans, avec les astronomes, c'est-à-dire à l'équinoxe du printems, le soleil entrant dans le Bélier.

« Parmi nous l'année commence au premier janvier depuis 1567, en vertu de l'édit de Roussillon, donné par Charles IX en 1564. Les anciens Romains la commençaient avec le mois de mars, sous le règne de Romulus, et ils avaient reçu cet usage des Etrusques ; les Grecs commençaient au mois de septembre ; Numa-Pompilius la fixa au mois de janvier. Sous la seconde race de nos rois, elle commençait à Pâques, après la bénédiction du cierge pascal ; et dans certains endroits, elle commençait à l'Annonciation, c'est-à-dire le 25 de mars (*), à peu près comme chez les Hébreux, dont l'année ecclésiastique et civile commençait à Pâques (Exod. 12), quoiqu'ils eussent aussi une année solaire qui commençait au mois de septembre. (Lévit., chap. 23 et 25. Ezéch., chap. 40.)

» La raison qui détermina les anciens pour le mois de janvier, fut qu'au solstice d'hiver, le soleil recommence à monter vers notre hémisphère boréal ; ce commencement d'élévation et d'accroissement dans les jours, leur parut devoir être l'époque du renouvellement de l'année.»

Chez les Romains, le premier et le dernier jour étaient consacrés à Janus : c'est pour cela qu'ils le représentaient avec deux visages (**). C'est

---

(*) Cet usage s'observait encore à Pise en 1746; il fut changé par un édit de l'empereur : l'extrait de cet édit était gravé sur un marbre à la rive gauche de l'Arno.

(**) Le Janus des Romains, génie à quatre visages, portant les clefs du tems, ayant 12 autels à ses pieds, pour représenter les 12 mois, et le nombre 365 dans les mains, n'était autre chose que le génie de l'année, l'étoile qui ouvrait la marche du tems (*Journal des Savans*, janvier 1786). Plutarque dit que Janus est une étoile qui se lève devant les pieds de la Vierge, ce qui annonce la même allégorie, car cette étoile se levait à minuit le premier de l'année.

d'eux que nous vient la coutume de souhaiter la *bonne année*. Non-seulement ils se rendaient des visites avant la fin du premier jour, ils se présentaient aussi des étrennes, *strenæ*, et offraient aux dieux des vœux pour leur conservation réciproque. Lucien qui en parle comme d'une coutume très-ancienne, même de son tems, en rapporte l'origine à Numa.

Dans les premiers siècles de l'Eglise, et même après la destruction du paganisme, l'on envoyait des étrennes aux magistrats et aux empereurs ; les conciles et les pères déclamèrent fort contre cette coutume. Cependant l'Eglise l'a permis depuis que les étrennes n'ont été que des marques d'amitié ou de soumission, et que l'on s'est abstenu des cérémonies payennes, comme de présenter de la verveine, ou de certaines branches d'arbres, etc.

ARTICLE IV.

Du Mois.

On distingue trois sortes de mois ; le solaire ou astronomique, le lunaire, et le civil ou usuel. Le premier, sur lequel se règle l'année, est le tems employé par le soleil à parcourir un signe du zodiaque ; c'est-à-dire un peu plus de trente jours.

M. Carouge observe que si l'on avait placé le commencement de l'année au solstice d'hiver, en faisant les trois premiers mois et les trois derniers de trente jours, le soleil entrerait dans chaque signe presque toujours le premier du mois, et chaque saison occuperait précisément trois mois; et comme le mois de janvier répond au signe que le soleil parcourt dans le moindre tems, ce serait celui-là qu'on ferait de 29 jours dans les années communes. (*J. des Sav.* août 1776, janv. 1779.)

Le mois lunaire est ou périodique ou synodique. Le périodique est le tems que la lune emploie à revenir au même point du ciel; le synodique est celui qui s'écoule depuis une nouvelle lune jusqu'à la suivante. Ce dernier, seul connu du peuple, est de 29 jours 12 heures 44 minutes 3 secondes, et comme ces fractions du jour auraient été fort incommodes dans la supputation ordinaire, on a supposé alternativement les mois lunaires d'un certain nombre de jours entiers, savoir : janvier, mars et les autres mois non pairs, de 29 jours; février, avril et les autres mois pairs, de 30. ceux-ci sont appelés *pleins*, et les autres *caves*.

Il reste encore 44 minutes ou près de 3/4 d'heure de plus à chaque révolution de la lune ; ces minutes accumulées pendant trente-deux lunaisons, valent un jour entier qu'on ajoute à l'un des mois simples ; c'est ainsi qu'on fait accorder les lunaisons du Calendrier, avec celles qui sont marquées dans les Tables astronomiques.

On peut aisément conclure de ce qui précède, que l'année composée de douze mois lunaires est de 354 jours, et qu'elle est, par conséquent, plus courte de 11 jours que l'année solaire; ce surcroît, qu'on appelle l'*épacte*, accumulé pendant dix-neuf années, forme sept mois lunaires qu'on ajoute pendant le cours de ces dix-neuf ans, et que l'on nomme *mois embolismiques* ou *intercalaires*.

A l'égard du mois *civil* ou *usuel*, c'est celui qui est accommodé à l'usage de chaque peuple.

Jules César avait ordonné que les mois seraient alternativement de trente et de trente-un jours, savoir : janvier, mars et tous les mois non-pairs, de trente-un ; avril, juin et les autres mois pairs, de trente, excepté février qui, dans les années communes, ne devait avoir que vingt-neuf jours, et trente dans les années bissextiles. Cet ordre était fort commode ; mais Auguste ne voulant pas que le mois qui portait son nom fût inférieur à celui de Jules César, ou juillet, prit un jour au mois de février pour le donner à celui d'août.

« Les Romains ne comptaient pas les jours du mois comme nous ; ils avaient trois points fixes dans chaque mois, les *calendes*, les *nones* et les *ides*, desquels ils comptaient les autres jours. Les calendes étaient le premier jour de chaque mois ; les nones arrivaient le 7 dans les mois de mars, de mai, de juillet et d'octobre ; mais elles étaient le 5 des autres mois : les ides tombaient au 15 dans les mois de mars, de mai, de juillet et d'octobre ; elles arrivaient le 13 dans les autres mois. Les jours qui précédaient ces trois termes en tiraient leurs dénominations ; c'est-à-dire que les jours compris entre les calendes et les nones étaient appelés *les*

jours avant les nones, suivant le rang qu'ils tenaient avant ce jour ; ceux qui sont entre les nones
et les ides étaient appelés *les jours avant les ides ;*
enfin les jours depuis les ides jusqu'aux calendes
du mois suivant, étaient nommés *les jours avant
les calendes* de ce mois. Les mois de mars, de
mai, de juillet et d'octobre avaient six jours qui
étaient dénommés par les nones ; les autres mois
n'en avaient que quatre. Tous les mois avaient huit
jours qui tiraient leurs noms des ides.

» Numa Pompilius avait donné à ces quatre
mois plus de jours de nones qu'aux autres, parce
qu'ils étaient pour lors les seuls qui avaient 31
jours ; et quoique dans le Calendrier de Jules
César, on eût attribué 31 jours à d'autres mois,
on retint cependant la disposition de Numa par
rapport aux nones.

» Dans les années bissextiles, il y avait deux
jours de suite au mois de février, dont chacun était
appelé *le VI avant les calendes :* on disait donc
bis sexto calendas, en sous-entendant *ante* après
sexto (art. II, pag. 7).

» César était né le 4 des ides du mois *quintile ;*
après sa mort, Antoine, qui était son collègue dans
le consulat, fit ordonner par une loi, que ce mois
porterait le nom de Jules César. Le mois *sextile*
fut ensuite appelé *augustus*, août, en vertu d'un
sénatus-consulte, après la bataille d'Actium, non
que cet empereur fût né dans le mois *sextile*, car
le jour de sa naissance était le 23 septembre ; mais

(13)

dans le mois *sextile*, dit Macrobe, il était parvenu au consulat, il avait triomphé trois fois, conquis l'Egypte, terminé les guerres civiles ; ce qui fut cause que le sénat regardant ce mois comme le plus heureux de l'Empire d'Auguste, ordonna qu'à l'avenir on l'appellerait du nom de ce prince.

» Néron voulut aussi donner son nom au mois d'avril ; Domitien voulut appeler le mois de septembre *germanicus*, et celui d'octobre *Domitien;* mais (comme Macrobe l'observe) après la mort de ce tyran, non-seulement on arrachait ses inscriptions, mais en haine de sa mémoire, on changea les noms qu'il avait établis pour les mois de l'année. »

ARTICLE V.

De la Semaine.

« L'usage de diviser le tems en semaines de sept jours, est de la plus haute antiquité. Il paraît que les plus anciens peuples de l'Orient s'en sont servis (*Mém. de l'Acad. des Inscr.*, tom IV, pag. 65) ; il était d'ailleurs très-naturel, d'après les phases de la lune, qui ne se montre que pendant quatre semaines ou vingt-huit jours, que les premiers hommes suivissent cette division, car les phases changent à peu près tous les sept jours. Si l'on avait voulu faire des semaines de huit jours, on eût trouvé un excès de trois jours au bout du mois

Les années solaires de 365 jours se partagent, à un jour près, en semaines de sept jours, au lieu qu'il y aurait eu cinq jours de reste si l'on eût fait les semaines de huit jours; ainsi l'usage des mois et des années paraît avoir dû entraîner celui d'une semaine de sept jours. »

Peut-être aussi, dans ces tems reculés composa-t-on la semaine de sept jours en l'honneur des sept planètes. Cela paraît d'autant plus vraisemblable, que chaque jour de la semaine porte le nom d'une de ces planètes. Ainsi lundi, *Lunæ dies*, est le jour de la Lune; mardi, celui de Mars; mercredi, celui de Mercure; Jeudi, celui de Jupiter; vendredi, celui de Vénus; samedi, celui de Saturne. Le nom du premier jour de la semaine est défiguré dans notre langue; mais la plupart de nos voisins en ont conservé l'origine. En anglais, par exemple, le dimanche est appelé *Sunday,* ou jour du soleil. Selon la Loubère, les Siamois donnent aux jours de la semaine les noms des planètes. Hérodote fait les Egyptiens auteurs de cette attribution. *Les Egyptiens*, dit-il, *ont marqué quel dieu préside à chaque jour.*

« L'ordre des planètes, dans les jours de la semaine, venait de l'influence qu'on leur supposait sur les différentes heures du jour; le dimanche, au lever du soleil, la première heure était pour le Soleil; ensuite venaient Vénus, Mercure et la Lune, qui étaient supposés au-dessous de lui; puis Saturne, Jupiter et Mars;

qui étaient au-dessus ; par là il arrivait que le lendemain commençait par la lune ; et voilà pourquoi le lundi fut placé à la suite du jour consacré au soleil. (*Clavius, in Sphæram.*)

» Goguet observe que les Grecs furent long-tems les seuls qui ne divisèrent pas leurs mois en semaines de sept jours, mais en trois dixaines ; ils ne comptaient jamais plus de dix jours de suite ; le 16 du mois s'appelait le *second sixième* ; le 24 s'appelait le *troisième quatrième*, c'est-à-dire le quatrième de la troisième dixaine. »

ARTICLE VI.

Digression sur le Sabbat et le Dimanche.

Les dieux, dit Platon, *touchés de compassion pour la pénible condition de l'homme, ont réglé certains jours pour son repos et pour le culte particulier qui leur est dû.* L'on sait que la plupart des peuples de la terre ont distingué les jours en jours d'œuvre et jours de fête et de repos. Mais c'est une grande question parmi les savans, que de savoir en quel tems la fête du septième jour a été instituée, et si elle existait avant la naissance de J. C. Quelques auteurs, fondés sur le deuxième chapitre de la Genèse, où il est dit que *Dieu bénit le septième jour et le sanctifia*, ont cru qu'elle avait été instituée dès le commencement du monde, et que cette fête n'était point particulière aux Juifs.

Sallier cite un grand nombre de témoignages à ce sujet, surtout Philon et Joseph, quoiqu'il soit d'un sentiment contraire, et qu'il ait prouvé, dans un savant Mémoire, que la véritable époque de l'institution du sabbat est au cinquième campement des Israélites à Marah, c'est-à-dire, immédiatement après le passage de la mer Rouge.

A l'égard de la seconde question, il est à croire que le jour du soleil, ou notre dimanche, a toujours été célébré par les Gentils ; car, dans leur théogonie, les jours de la semaine étant attribués aux planètes, qui étaient des dieux pour eux, il est vraisemblable que le soleil devant être regardé comme le premier de tous, le jour qui lui était consacré devait être aussi célébré et distingué des autres.

Le dimanche a été substitué au sabbat par les Chrétiens. Selon Eusèbe, Constantin ordonna le premier que ce jour, qui commençait la semaine chez les Juifs et chez les Païens, comme il la commence encore parmi nous, serait célébré par tout l'empire ; il ne permit ce jour-là que le labeur de la terre. Avant lui, on observait le jour du sabbat et le dimanche ; mais cette dernière pratique n'était pas encore généralement établie dans l'Eglise.

Autrefois chaque dimanche de l'année avait son nom propre, pris de *l'introït* du jour. Cet usage n'a présentement lieu que pour quelques dimanches de carême, tels que ceux de *Reminiscère*, *Oculi*, *Lœtare* et *Judica*.

L'abbé de Saint-Pierre regardant la défense de travailler le dimanche comme une règle de discipline ecclésiastique, qui suppose à faux que tout le monde peut chômer ce jour-là sans s'incommoder; non content de remettre, en faveur des pauvres, toutes les fêtes au dimanche, voudrait qu'on leur accordât une partie considérable de ce jour, pour l'employer à des travaux utiles, et pour subvenir par là plus sûrement aux besoins de leurs familles. Il estime à plus de vingt millions par an le gain que feraient les pauvres par cette liberté de travail. On est pauvre, selon lui, dès que l'on n'a pas assez de revenu pour se procurer six cents livres de pain. A ce compte, *combien n'y a-t-il pas de pauvres parmi nous? (Voyez l'article* Dimanche, *dans l'Encyclopédie.)*

Ce que propose ici l'abbé de Saint-Pierre est en vue que l'indigent soit favorisé; mais est-il bien certain qu'il le fût par ce moyen?

Dès qu'on aurait donné atteinte à la solennité du dimanche; dès qu'il ne serait plus expressément défendu de l'employer à des œuvres serviles, bientôt des hommes avides obligeraient ceux sur lesquels ils auraient quelqu'empire, à travailler ce jour-là comme les autres, et les malheureux n'auraient plus aucun délassement.

Il ne faut pas croire, d'ailleurs, quand on

supposerait que les ouvriers pussent travailler sans aucun relâche, qu'il leur en reviendrait quelque profit. Les fruits de l'industrie et de la peine des hommes sont comme des denrées, dont le prix baisse en proportion de leur abondance. Ce serait donc le riche et non le pauvre qui profiterait de ce surcroît de travail.

Mais il faut de toute nécessité quelque délassement à l'homme; le repos dont il n'aurait pas joui le dimanche, il le prendrait un autre jour. Or il est fort utile pour l'ordre, et même pour la récréation des hommes, que le jour du repos soit le même pour tous : autrement, celui qui voudrait faire travailler choisirait souvent un jour que celui dont il aurait besoin aurait pris pour se reposer. Chez les ouvriers, les amis, les familles, etc. ne pourraient plus se réunir pour prendre leur délassement et leur récréation en commun, et l'on sait combien cela ajoute à la satisfaction et aux plaisirs des hommes, de les partager avec ceux qu'ils chérissent.

Ne faisons pas les maux plus grands qu'ils ne sont en effet. Ce ne sont pas ceux qui travaillent six jours de la semaine, qui sont malheureux et *ne vivent qu'à demi;* ce sont ceux qui ne veulent point s'occuper, ou qui, soit par leurs infirmités, par défaut de talens, ou par d'autres causes, ne le peuvent pas. Or, dans tous ces cas, loin d'être de quelque secours, le changement qu'on propose ne pourrait être que désavantageux.

Mais, dit-on, *les ouvriers vont au cabaret le dimanche, ils s'enivrent, se querellent, etc.* N'est-ce donc que ce jour-là que cela leur arrive?

Eh quoi! la condition de l'homme serait-elle si malheureuse, que ce fût trop d'un jour sur sept pour se délasser et jouir paisiblement de son être? Ah! loin de chercher à anéantir une institution aussi sage et aussi sacrée, admirons plutôt ici la bonté du Père de tout être, du souverain Législateur, qui, en nous faisant une loi du repos dans l'institution du sabbat, ne l'étend pas seulement sur l'homme libre et sur l'esclave, mais sur les animaux mêmes. « Vous vous occuperez (Exod., chap. 23, vers. 12.) pendant six jours à vos différens ouvrages, mais vous les cesserez le septième, afin que votre bœuf et votre âne se reposent, et que le fils de votre esclave et l'étranger qui est parmi vous, puissent prendre quelque relâche et même quelque divertissement. »

Le sabbat étant fait pour l'homme, et non l'homme pour le sabbat (Saint-Marc, chap. 2, vers. 27.), nous ne devons pas en être esclaves: aussi manquons-nous sans scrupule au précepte, lorsque quelque besoin pressant le requiert pour certains travaux publics, par exemple, dans le tems des moissons, etc.; mais on le fait avec circonspection, de peur d'anéantir toute l'autorité d'un commandement aussi sage et aussi utile.

Concluons que dans la manière dont on observe le dimanche en France, il n'y a rien qui ne doive être approuvé. Nous nous sommes sagement éloignés de cette austérité pharisaïque, qui dans d'autres lieux, en Angleterre surtout, a fait interdire le dimanche tout divertissement, les jeux, les spectacles, et fait même défendre de chanter autre chose que des psaumes, etc. Il est difficile de concevoir comment un peuple, qui se dit si fort au-dessus de ce que d'autres appellent *préjugés*, a pu consacrer à l'ennui un septième de ses jours.

ARTICLE VII.

Du Jour.

« LE soleil étant l'objet le plus frappant de l'univers, il a été pris dans tous les siècles, et chez tous les peuples du monde, pour la mesure naturelle du tems ; les jours, marqués par ses apparitions, ont été les premières portions de tems que l'on ait entrepris de compter. Dans la suite, les mois et les années ont servi à compter les tems éloignés, comme les heures ont été introduites pour subdiviser les jours et exprimer les petits intervalles de tems. »

Le tems, par sa nature, ou par l'idée primitive que tout le monde y attache, est égal et uniforme (art. I) ; les 24 heures du jour sont 24 intervalles égaux entr'eux ; les heures d'aujourd'hui doivent être égales à celles d'hier ; et le mouvement diurne du soleil autour de la terre, qui se partage en 24 parties égales, doit être supposé uniforme pour faire tous les jours 24 portions égales, dont chacune répond à 15° de l'équateur, car 15° sont la 24e partie de 360°; en continuant de subdiviser, on pourra trouver de même les parties du tems qui répondent aux parties du cercle; 1° vaudra 4′ de tems; 1′ de degré vaudra 4″ de tems; en général, il suffit de prendre le quadruple des minutes de degré pour en faire des secondes de tems, et le quadruple des degrés pour en faire des minutes de tems.

De même, pour convertir le tems en degrés, on prendra d'abord 15° pour chaque heure; on prendra le quart des minutes de tems, on en fera des degrés; le quart des secondes, et l'on en fera des minutes; le quart des tierces de tems, et l'on en fera des secondes de degré. Ces règles, aisées à retenir et à pratiquer, se peuvent faire sans le secours des tables.

« L'intervalle qui s'écoule depuis un passage du soleil au méridien, jusqu'à son retour au même cercle, est appelé *jour artificiel*, par Macrobe, Riccioli, Bailly, etc., et la durée de la lumière qui comprend seulement le tems que le soleil est sur l'horizon, *jour naturel*; mais il y a des auteurs qui entendent tout le contraire, comme dans l'Encyclopédie. »

Cette période de tems, qui, selon les circonstances, reçoit encore les dénominations de *jour civil*, *jour astronomique*, etc., est la durée d'une révolution entière de l'équateur et de la portion du même cercle, répondant à la partie de l'écliptique que la terre parcourt dans son orbite pendant le jour artificiel.

Tandis que le globe terrestre fait une révolution sur son axe, d'occident en orient, il parcourt dans le même tems environ la 365e partie, ou 59′ 8″ de son orbite. Ces mouvemens combinés font successivement répondre le soleil à tous les degrés de l'écliptique dans l'espace d'une année, d'occident en orient, et à tous les méridiens, d'orient en occident, dans l'espace d'un jour.

Le retour du soleil au même méridien, ou le jour artificiel, est donc composé d'une révolution entière de l'équateur, plus d'une portion de ce cercle répondant à celle dont, pendant ce tems, il avance vers l'orient par le mouvement de transposition de la terre.

C'est par la même raison que le jour lunaire, ou le tems que la lune emploie à revenir au même méridien, est plus grand que le jour solaire de 50′ 28″,33 ; car l'arc parcouru par la lune d'occident en orient pendant vingt-quatre heures, est de 13° 10′ 35″, au lieu que celui qui est parcouru par le soleil dans le même tems, n'est que de 59′ 8″.

On voit encore pourquoi le jour des étoiles fixes, ou leur retour au même méridien, n'est que de 23 heures 56 minutes 4 secondes ; car si une étoile a passé au méridien à midi, et avec le soleil, lorsqu'elle est revenue au méridien le jour suivant, le soleil n'y est pas encore, ayant avancé

d'un

d'un degré vers l'orient ; il est éloigné de l'étoile , et par conséquent du méridien d'un degré ; et comme il faut environ 4′ de tems pour parcourir un degré, par le mouvement diurne, le soleil passera par le méridien 4′ plus tard que l'étoile ; ou , si l'on veut, l'étoile y passera 4′ plus tôt que le soleil ; car c'est au soleil que nous rapportons tout ; c'est son retour qui fait nos 24 heures, et nous disons que les étoiles reviennent au méridien en 23 heures 56 minutes , tandis que le soleil y revient au bout de 24 heures : ces quatre minutes sont l'accélération diurne des étoiles.

Le commencement du jour civil n'est pas le même pour les différens peuples. Les Orientaux comptent la première heure au soleil couchant ; les Français et presque toutes les autres nations de l'Europe , commencent le jour à minuit.

A l'égard du jour naturel, sous l'équateur il est égal à la nuit ; ailleurs il varie suivant les saisons ; ce n'est que dans les équinoxes où ce jour est égal à la nuit par toute la terre.

SECONDE PARTIE.

Des divisions naturelles du Tems, et de la formation du Calendrier.

ARTICLE PREMIER.

Des divisions du jour.

« C'est de l'astronomie que nous empruntons la division du tems dans les usages de la vie. On peut dire que l'ordre et la multitude de nos affaires, de nos devoirs, de nos amusemens, le goût de l'exactitude et de la précision ; notre habitude, enfin, nous ont rendu cette mesure du tems presque indispensable, et l'ont mise au nombre des besoins de la vie. »

On voit dans les livres de Moyse, la division du tems par jours, semaines, mois et années bien établie. Le calcul qu'il donne de la durée du déluge en est une preuve. On peut encore s'en convaincre par ce passage : « que des corps de lumière soient faits dans le firmament du ciel, afin qu'ils séparent le jour de la nuit, et qu'ils servent de signe pour marquer les tems et les saisons, les jours et les années. »

Fiant luminaria in firmamento cœli, et dividant diem ac noctem, et sint in signa tempora et dies et annos. (Genèse, v. 14).

Cependant l'Ecriture ne désigne le moment où les anges apparurent à Abraham, qu'en disant que *c'était la plus grande chaleur du jour.* Il en est de même dans toutes les occasions, de marquer les différens momens de la journée; ils n'y sont jamais désignés que d'une manière vague et incertaine, *lorsque le soleil était prêt à se coucher sur le soir, le matin au lever du soleil,* etc.

Sallier, fondé sur un passage d'Hérodote, dit que les Grecs reçurent les heures des Babyloniens : bientôt les poëtes en firent des déesses, filles de Jupiter et de Thémis. Ils les appelèrent *les portières du ciel.*, et Ovide leur assigne l'emploi d'atteler les chevaux du soleil :

Jungere equos Titan velocibus imperat Horis.

Selon quelques savans, l'étymologie du mot *heure* vient d'un surnom du Soleil que les Egyptiens appellent *Horus;* d'autres le font dériver d'un mot grec qui signifie *terminer, distinguer.*

« Les heures sont aujourd'hui la vingt-quatrième partie de la révolution diurne du soleil ; mais il y eut autrefois des peuples qui partageaient en douze seulement l'intervalle total du jour et de la nuit (*Journ. des Sav.*, 1778, pag. 611, in-4°); et cette division venait probablement des douze mois ou des douze lunes de l'année.

» Les heures planétaires ou judaïques étaient des heures inégales, usitées anciennement chez les Juifs et les Romains. On divisait séparément le jour en douze parties, et la nuit en douze autres heures. Cet usage avait encore lieu du tems de Xénophon, 370 ans avant J. C.

» Les Juifs et les Romains distinguaient dans le jour naturel, pris du lever au coucher du soleil, quatre parties principales : *prime*, *tierce*, *sexte* et *none*. Prime commençait au lever du soleil ; tierce, trois heures après ; sexte commençait à midi, et none, trois heures avant le coucher du soleil ; et le même nom indiquait peut-être tout l'intervalle de trois heures. [Par là on accorderait deux passages de l'Evangile : *erat autem hora tertia, et cruxifixerunt eum* (S. Marc)... *et erat hora quasi sexta, et dixit Judæis : Ecce Rex vester* (S. Jean).] Ces heures étaient plus ou moins grandes, suivant que le soleil était plus ou moins longtems sur l'horizon.

» Les heures babyloniques commençaient à se compter au lever du soleil (Macrob., *Saturn.*, lib. 1, ch. 3); mais les 24 heures étaient égales.

» Les heures italiques sont celles que l'on commence au coucher du soleil, à l'imitation des Juifs et des Athéniens (Riccioli, *Chron. ref.*, pag. 4); car les Juifs, de toute ancienneté, comptaient leur jour d'un coucher à l'autre.

» Hipparque et Ptolémée comptaient les heures de minuit à minuit, et il paraît que de leur tems c'était l'usage à Rome et en Egypte.

» Tous les astronomes commencent le jour à midi, comme on le voit dans Ptolémée (pag. 74). C'est ce que faisaient autrefois les Umbres, suivant Macrobe. On attribue aussi cet usage aux Arabes. Les astronomes comptent jusqu'à 24 heures : ainsi lorsque l'on compte dans la société, le 2 janvier, huit heures du matin, les astronomes disent le premier janvier à 20 heures ; c'est ce que l'on appelle *tems astronomique*, pour le distinguer du *tems civil*, où l'on se sert du matin et du soir. »

La division du jour en heures n'a pu être en usage parmi les hommes qu'après la découverte des premières mesures du tems.

A l'égard des minutes, secondes et tierces, les horloges des anciens avaient trop peu d'exactitude pour donner d'aussi petites divisions. Elles ont été introduites, après la découverte du pendule, par les astronomes qui les ont empruntées de la division du cercle. Ainsi la minute de tems, qui est la soixantième partie de l'heure comme la minute du cercle est la soixantième partie du degré, se marque dans les tables astronomiques, par un accent aigu ′ ; la seconde, qui dans l'un et l'autre cas est la soixantième partie de la minute, par deux semblables accens ″ ; et la tierce, soixantième partie de la seconde, par trois accens ‴ .

ARTICLE II.

Du Cycle solaire.

Dans la plupart des Almanachs, et dans beaucoup de livres d'église, il est question du *cycle
solaire*, de la *lettre dominicale*, du *nombre
d'or*, de l'*épacte*, etc. Les personnes qui en entendent parler s'imaginent qu'il faut être fort versé
dans l'astronomie pour bien concevoir toutes ces
choses ; et, dans cette opinion, négligent de s'en
instruire. Il est vrai que les différens cycles n'ont
pu être inventés que par d'habiles astronomes ;
mais avec quelque attention, il est aisé d'en com-
prendre la nature et l'usage.

C'est ce qui m'a fait penser que dans ce petit
ouvrage, dont le but est d'offrir un précis de
ce qui concerne le tems et ses mesures, on verrait avec plaisir l'explication des parties consti-
tutives du Calendrier, qui n'est autre chose qu'une
distribution des tems ; le calcul de ces différentes
parties, représentées par des nombres, est appelé
comput ecclésiastique.

L'on entend par cycle une certaine période ou
suite de nombres qui procèdent par ordre, jusqu'à
un certain terme, et reviennent ensuite les mêmes
sans interruption. Le cycle solaire, par exemple,
est un intervalle de 28 ans, après lequel le dimanche et les autres jours de la semaine revien-

nent dans le même ordre et au même quantième des mois, tant que les années sont bissextiles de quatre en quatre ans. Il y a donc vingt-huit Calendriers différens qui se succèdent, savoir, un pour chaque année du cycle.

Cette observation rend la construction d'un Almanach bien facile, car sachant à quelle année du cycle solaire répond celle dont on veut avoir le Calendrier, on le trouve tout fait dans les tables où sont exprimées les vingt-huit années qui composent le cycle solaire.

Je veux, par exemple, faire le Calendrier de l'an 1810, et je sais qu'il est le vingt-septième du cycle solaire. Pour cela, je copie dans les tables de ce cycle, la vingt-septième année, ou tout simplement l'Almanach de la vingt-septième année d'un des cycles précédens, excepté les fêtes mobiles.

Le cycle solaire est ainsi appelé, non qu'il ait aucun rapport avec le cours du soleil, mais parce que le dimanche était autrefois nommé *dies solis*, qui signifie *jour du Soleil*, et que c'est pour trouver la lettre dominicale, qui désigne le dimanche dans le Calendrier, que ce cycle a été inventé : par le secours de cette lettre, on supplée aux tables dont nous avons parlé.

Voici maintenant ce qui forme le cycle solaire, et ce qui le rend de vingt-huit ans.

Comme l'année commune ou égyptienne de 365 jours ne contient pas un nombre exact de semaines, et qu'elle en renferme cinquante-deux et un jour, les années qui se suivent ne commencent pas par le même jour de la semaine. Une année commune commençant, par exemple, le lundi, finit aussi par un lundi ; conséquemment la suivante commence un mardi, la troisième le mercredi, et ainsi de suite.

Il résulte de là, premièrement, que les semaines étant toujours complètes et se suivant sans interruption, chacun des jours qui les composent, les lundi, mardi, samedi, etc. répondent dans les années qui se succèdent, à différens jours ou quantièmes de mois. Secondement, que les fêtes nommées *immobiles* parce qu'elles arrivent toujours au même quantième du mois, telles que celles des saints, tombent successivement, comme le premier jour de l'année, aux différens jours de la semaine. Toutes les variétés qui proviennent de ces causes, doivent être comprises dans le cycle solaire.

Si toutes les années étaient communes, ce cycle ne serait évidemment que de sept ans ; car, par ce qui précède, chaque année commune contenant cinquante-deux semaines et un jour, sept années semblables renfermeraient un nombre complet de semaines, savoir, 7 fois 52, plus sept jours ou une semaine ; par conséquent la huitième année commencerait le même jour de la semaine par lequel la première année aurait commencé, etc. ; mais comme il y a une année bissextile, ou de

366 jours tous les quatre ans , le cycle solaire ne peut être accompli qu'il ne contienne sept années bissextiles , afin que du jour de surcroît de chacune de ces années, il puisse venir encore une semaine complète.

Il semblerait d'abord que l'année bissextile , par laquelle on est convenu de commencer le cycle solaire , au lieu d'en augmenter la durée, devrait au contraire la diminuer. En effet, une année bissextile , par exemple , étant la première du cycle , et commençant, comme on en est convenu, un lundi , l'année suivante commence le mercredi , l'autre le jeudi , la quatrième le vendredi , la cinquième bissextile le samedi , la sixième commence encore par un lundi, etc. ; d'où il paraîtrait que le cycle solaire ne devrait être que de cinq ans ; mais il faut faire attention qu'alors la première et la cinquième année du premier cycle seraient bissextiles , au lieu que le cycle suivant ne contiendrait qu'une année bissextile , qui serait la quatrième ; le troisième cycle ne commencerait donc pas un lundi. Ces différens cycles n'offriraient pas les mêmes suites de variétés ; on ne pourrait pas en dresser une table commune , qui est précisément la raison pour laquelle on a inventé le cycle. C'est ce qui ne peut s'exécuter , comme nous l'avons dit, que par une période qui contienne sept années bissextiles. On voit de là pourquoi le cycle solaire est de 7 fois 4 années ou de vingt-huit ans.

Il ne reste plus qu'à exposer comment on trouve à quelle année du cycle solaire répond une année proposée. Suivant la manière dont on compte les années de ce cycle, elle commence neuf ans avant l'ère vulgaire. Si l'on veut trouver, par exemple, à quelle année du cycle solaire répond l'année 1810, il faut ajouter 9 à cette année et diviser la somme 1819 par 28 ; le quotient 64 sera le nombre des cycles écoulés, et le reste 27, l'année du cycle répondant à 1810.

Si le diviseur 28 eût été contenu exactement dans la somme trouvée, après avoir ajouté 9, l'année proposée serait la vingt-huitième ou la dernière du cycle, comme sera 1811.

ARTICLE III.

Des Lettres dominicales.

On appelle *lettres dominicales*, dans les Ephémérides et les Almanachs, les sept premières lettres de l'alphabet, que l'on place vis-à-vis les jours du mois, et qui marquent successivement pendant le cours du cycle solaire, les dimanches de chaque année de ce cycle. On les a nommées *dominicales*, de *Dominicus dies*, jour du Seigneur ou dimanche.

Ces lettres ont été imaginées, comme nous l'avons déjà dit, pour connaître facilement le jour de la semaine par lequel doit commencer l'année, et par ce moyen construire le Calendrier.

A marque toujours le 1er janvier, **B** le 2, **C** le 3, et ainsi de suite jusqu'au 7 indiqué par **G**; le 8 on recommence par **A**, le 9 **B**, et de même jusqu'au dernier jour de l'année, qui, lorsqu'elle est commune, est désigné par **A** comme le premier.

Il suit de là que les semaines et les jours qui les composent, se succédant sans interruption, et chaque dimanche revenant de sept jours en sept jours, avec la lettre dont il est accompagné, celle qui tombe au premier dimanche de janvier d'une année, se trouve vis-à-vis tous les dimanches de la même année, et ainsi des autres lettres; celle qui tombe au premier lundi de janvier, répond à tous les lundis de la même année, etc.

L'année suivante commençant encore par **A**, mais non pas le même jour de la semaine, comme on l'a vu dans l'article précédent, la lettre dominicale ou qui désigne le dimanche, change alors; car supposant que l'année précédente ait commencé par un lundi, **A** qui se trouve toujours le premier de janvier, désignait ce lundi; et le dimanche qui n'arrivait que le 7, était marqué par la septième lettre de l'alphabet **G**; mais l'année suivante commençant par un mardi, le premier dimanche de janvier ne tombe plus au 7, mais au 6; ainsi la lettre dominicale est la sixième de l'alphabet, c'est-à-dire **F**. De même, la troisième année commençant par un mercredi, le premier dimanche de janvier tombe au 5, à la lettre **E**;

ainsi de suite. Il en est de même pour les autres jours de la semaine.

Il faut observer que dans une suite d'années, n'importe de quel nombre, les lettres dominicales se succèdent toujours, comme on vient de le voir, dans un ordre rétrograde, eu égard à celui qu'elles tiennent dans l'alphabet, ou dans la suite des jours de l'année ; c'est-à-dire, que si G est la lettre dominicale d'une année, F le sera l'année d'après ; ensuite viendra E, etc.

Il faut remarquer encore que dans l'année bissextile, il y a toujours deux lettres dominicales, dont l'une sert depuis le commencement de l'année jusqu'au 24 février, et l'autre depuis ce jour jusqu'à la fin de l'année. La raison de cela est que dans l'année bissextile le 24 février, et le 25 qui est intercalaire, sont regardés comme un même jour, et marqués par la même lettre ; d'où il arrive que la lettre dominicale rétrograde alors comme à la fin de l'année : si elle était, par exemple, G, elle devient F ; si elle était F, elle devient E, etc.

Il est clair par ce qui précède, que quand on a la lettre dominicale d'une année, c'est-à-dire le quantième du premier dimanche de cette année, ce qu'il est très-facile d'avoir ou par la lettre dominicale de l'année précédente, ou en cherchant, comme nous l'avons dit, quelle année elle est du cycle solaire, on peut se passer des tables de ce cycle. Rien n'est donc plus facile que de placer

par

par son moyen les jours de chaque semaine en leur lieu. Ainsi, pour construire le Calendrier d'une année, quelle qu'elle soit, il ne nous reste plus qu'à savoir placer les fêtes mobiles ; c'est-à-dire Pâques, l'Ascension, la Pentecôte, etc.

ARTICLE IV.

Des Fêtes mobiles et du Cycle lunaire ou Nombre d'Or.

Dieu ordonna aux Juifs, comme on le voit au chap. 13 du *Lévitique*, de célébrer la Pâque ou leur passage par la mer rouge, le premier mois, et le soir du quatorzième jour : or, l'année des Juifs était lunaire *embolismique* ou *intercalaire*, et tellement réglée, qu'on nommait le premier mois celui dont le quatorzième jour, c'est-à-dire la pleine lune, tombait au jour de l'équinoxe ou immédiatement après.

L'Eglise ne voulant pas s'éloigner de cette règle, décida dans le concile de Nicée, tenu l'an 325, que la Pâque serait célébrée, non le quatorzième jour ou celui de la pleine lune, mais le dimanche d'après, si ce quatorzième arrive ou le 21 de mars, ou après le 21 de ce mois ; « ainsi la fête de Pâques ne doit jamais arriver plus tôt que le 22 de mars, car la règle dit que ce sera le premier dimanche après le quatorzième : cela est arrivé en 1598, 1693 et 1761, et aura lieu en 1818, 2285, etc.

C

Cette fête n'arrive jamais plus tard que le 25 avril ; car si la pleine lune tombe le 20 mars, ce ne sera pas la pleine lune pascale ; on attendra celle qui suit le 21 mars, ou celle du 18 avril ; et si c'est un dimanche, ce ne sera encore que le dimanche suivant, 25 avril, qui sera le jour de Pâques : cela est arrivé en 1546, 1666 et 1734 ; et cela arrivera encore en 1886, 1943, 2038, 2190, etc. »

Le jour de Pâques et les autres fêtes mobiles qui en dépendent, sont donc déterminés par le tems de l'équinoxe et celui de la pleine lune qui le suit. La Septuagésime est toujours neuf semaines avant Pâques, ou le 64e jour, y compris celui de Pâques, le mercredi des cendres, le 47e jour avant le jour de Pâques, en comptant l'un et l'autre.

« On trouve la fête de l'Ascension en comptant 40 jours après Pâques, la Pentecôte 50, la Trinité 57, et la Fête-Dieu 61 jours après Pâques ; celle-ci arrive toujours le même quantième du mois que le Samedi-Saint.

» Le premier dimanche de l'Avent ne peut arriver que depuis le 27 novembre inclusivement, jusqu'au 3 décembre inclusivement ; ainsi ce sera toujours le dimanche compris dans cet intervalle.

» Les personnes qui calculent des Éphémérides ont besoin de connaître les règles du Calendrier pour d'autres usages ecclésiastiques. Voici les principales : Les jeûnes des Quatre-Tems, qu'on peut regarder comme des fêtes mobiles, ont été fixés par Grégoire VII aux quatre époques suivantes : 1º la première semaine de Carême ; 2º la semaine de la Pentecôte ; 3º le mercredi *après* l'exaltation de la Croix, ou *après* le 14 septembre jusqu'au 21 ; 4º la troisième semaine de l'Avent. Si Noël arrive le lundi, le mardi ou le mercredi, c'est le mercredi précédent, sinon ce sera deux mercredis avant Noël.

» Il paraît que les jeûnes des Quatre-Tems ont été institués à l'imitation de ceux qui étaient en usage chez les Juifs (Casali, *de veteribus sacris Christianorum Ritibus, Romæ* 1647, *in-fol.*, *pag.* 252, *cap.* 63). Plusieurs de nos fêtes paraissent aussi tirées des usages du pagananisme : *Addimus prædictis, licuisse ecclesiæ, quæ apud Ethnicos impiè superstitioso cultu agebantur feriæ, easdem sacro ritu expiatas ad pietatem christianam transferre, ut majori id esset diaboli contumeliæ, et quibus ipse coli voluerit, Christus et Sancti ejus ab omnibus honorarentur.* (Casali, c. 60, pag. 239.) »

Pour reconnaître et calculer les fêtes mobiles, l'Eglise assemblée résolut encore, dans le concile de Nicée, que l'on se réglerait sur le fameux cycle de Méton (*).

Ce célèbre astronome d'Athènes découvrit, en-

(*) Il est attribué à Méton par Diodore et Censorinus ; Géminus l'attribue à Euctémon, Philippe et Calipus.

viron 432 ans avant J. C. , qu'après dix-neuf années les nouvelles et pleines lunes revenaient précisément au même jour du mois où elles arrivaient auparavant. Ce fut ce qui fixa le cycle lunaire à dix-neuf ans, pendant lesquels il arrive 235 lunaisons, savoir, 228 à raison de douze lunaisons par an, et sept autres à cause des onze jours dont chaque année solaire surpasse l'année composée de douze mois lunaires. Ces sept mois lunaires sont, comme je l'ai dit en parlant du mois, nommés *embolismiques* ou *intercalaires*. On en compose six de trente jours chacun, et lo septième de vingt-neuf.

Cette découverte parut si belle aux Grecs, qu'on en exposa le calcul en lettres d'or dans les places publiques pour l'usage des citoyens, et qu'on appela *nombre d'or*, l'année courante de cet espace de 19 ans qui ramenait sensiblement la lune en conjonction avec le soleil au même point du ciel et au même jour de l'année solaire. De là est venu l'usage d'écrire ces nombres en caractères d'or dans les almanachs, et c'est aussi pour cette raison qu'on les appelle *nombre d'or*. Ils montraient anciennement les jours des nouvelles lunes. La première année du cycle, on les marquait par le nombre 1, qu'on plaçait vis-à-vis les jours du mois où elles devaient arriver; la seconde, on les marquait par 2; la troisième par 3, et ainsi de suite. Par ce moyen, on connaissait non-seulement les jours des nouvelles lunes de l'année, mais même toutes les autres, soit antérieures, soit postérieures, et en ajoutant quatorze jours au jour marqué pour les nouvelles lunes, on avait encore ceux des pleines lunes, e c.

On voit qu'il était facile de fixer la Pâque et les autres fêtes mobiles par le moyen du cycle de Méton, et que ce cycle ayant commencé un an avant la naissance de J. C., en suivant la méthode indiquée pour trouver l'année du cycle solaire, si à une année courante on ajoute 1, et qu'on divise la somme par 19, en négligeant le quotient, ce qui re te est le nombre d'or de cette année-là. Par exemple, 1811 divisé par 19, donne pour reste 6, qui est le nombre d'or de 1810.

Mais il n'est pas vrai, comme l'a cru Méton, que les nouvelles lunes reviennent au même instant du jour après dix-neuf années : il est aisé de voir qu'elles arrivent une heure et demie plutôt ; car 365^j. 1/4 multipliés par 19, font 6939^j. 18^h. ; au lieu qu'en multipliant 29^j. 12^h. 44' 3" 10''' 48'''', durée moyenne d'une lunaison suivant le Calendrier grégorien, par 235, nombre des lunaisons qui arrivent en dix-neuf ans, le produit n'est que de 6939^j. 16^h. 32' 27",3 ; ainsi il y a un excès de 1^h. 27' 32",7 (*) ; donc, à la fin des dix-neuf ans,

---

(*) Clavius, à la page 99, n'emploie que 31" 55'''. Ce savant jésuite naquit à Bamberg en 1537. Nous avons de lui 5 vol. in-fol. sur les Mathématiques,

les nouvelles lunes arriveront une heure et demie plutôt, puisque le cycle finira à peu près une heure et demie avant la fin des dix neuf ans ; ce qui formera, après 312 ans et demi, la valeur de 23^h. $59'$ $52''$ $49'''$, c'est-à-dire $1j. — 7'' 11'''$; car 1^h. $27'$ $32''$ $42'''$ sont à 19 comme 24 sont à 312. En calculant plus rigoureusement avec les données du Calendrier grégorien, l'on aura l'anticipation exacte d'un jour sur 312 ans et demi plus 23 jours 17 heures. Pour tenir compte de cette différence, on fait une correction dans les années séculaires seulement. Les 312 ans et demi font une équation d'un jour tous les 300 ans ; mais ensuite tous les 2400 ans il y a 100 ans de retard, et l'équation d'un jour est reculée d'un siècle, parce que les 12 ans et demi omis tous les 300 ans, font un siècle après 2400 ans. C'est sur ce dernier résultat de 312 ans et demi qu'on a réglé *l'équation lunaire* d'un jour entier pour chaque espace de 300 ans, excepté la huitième fois où l'on attend 400 ans.

Le cycle lunaire a été long-tems la seule manière que l'on eût de trouver les nouvelles lunes de chaque mois ; mais l'imperfection que nous venons de faire voir lui a fait substituer les épactes.

---

et surtout un vaste Traité du Calendrier. Il mourut à Rome en 1612. (*Weidler, pag.* 402).

ARTICLE V.

De l'Épacte.

Le mois lunaire étant, comme nous l'avons dit, de 29 jours 12 heures 44 minutes 3 secondes, une année composée de 12 mois lunaires est de 354 jours 8 heures 48 minutes 36 secondes, et se trouve plus courte que l'année solaire de 10 jours 21 heures 0 minutes 12 secondes. Lors donc, par exemple, que l'on a nouvelle lune le premier mars, au bout d'un an, ou le premier mars de l'année suivante, il y a onze jours que la nouvelle lune est passée; la troisième année elle précède le premier mars de vingt-deux jours; la quatrième elle ne devance que de trois jours, parce que trois fois onze font trente-trois jours, qui composent une lunaison entière et trois jours. Réunissant cette lunaison aux autres, comme font les computistes, reste trois jours dont la nouvelle lune précède le tems où elle doit arriver la quatrième année, etc. C'est ce nombre de jours dont les nouvelles lunes précèdent les jours ou quantièmes des mois où elles arriveraient si les mois lunaires n'étaient pas plus courts que les mois solaires, qu'on appelle *l'epacte* (*). Pour

______

(*) Ἐπάγω, *adjicio*, j'ajoute; parce que l'épacte, dans son principe, est ce qu'il faut ajouter à l'année lunaire pour former l'année solaire.

la marquer dans le Calendrier perpétuel et faire connaître l'âge de la lune dans tous les jours de l'année, voici le moyen qu'un médecin de Calabre, nommé Aloisius Lilius, fournit au pape Grégoire XIII dans le tems qu'il faisait travailler à la réforme du Calendrier.

Ce moyen consiste à placer trente nombres romains, qu'on nomme *épactes*, à côté des jours du mois et dans un ordre rétrograde ; savoir, l'épacte XXX à côté du premier janvier ; ensuite l'épacte XXIX à côté du second ; l'épacte XXVIII vis-à-vis du troisième, ainsi de suite jusqu'à l'épacte I qui répond au 30 du mois. Après cela revient l'épacte XXX, qui répond au 31, ensuite XXIX à côté du premier février, puis XXVIII à côté du second, et toujours en suivant le même ordre.

Les trente épactes ainsi disposées, pour connaître dans une année les jours du mois où arrivent les nouvelles lunes, il suffit d'examiner combien de jours se sont écoulés depuis la dernière nouvelle lune de l'année précédente jusqu'au 31 décembre de la même année ; car à tous les quantièmes des mois où les épactes sont égales au nombre de ces jours écoulés, il y aura nouvelle lune. Cette année 1810 l'épacte est XXV, parce qu'il y a eu nouvelle lune le 7 décembre de l'année précédente, et que du 7 au 31 il y a vingt-cinq jours.

L'année lunaire étant divisée, comme on l'a

vu à l'article *Mois*, en six *mois pleins* et six *mois caves*, pour retrancher un jour dans ceux-ci sans interrompre la suite des nombres ou épactes, on met ensemble les deux épactes XXV et XXIV, ensorte qu'elles soient vis à-vis le même jour dans ces six mois ; savoir, le 5 février, le 5 avril, le 3 juin, le premier août, le 29 septembre et le 27 novembre : moyennant cette disposition , les trente épactes ne répondent qu'à vingt-neuf jours dans ces six mois.

Il me reste à faire observer qu'au lieu de l'épacte ou chiffre romain XXX on met ordinairement l'asterisque*, parce qu'il peut arriver qu'une lunaison se termine au premier décembre et une autre au 31. Par rapport à la première, l'épacte de l'année est XXX ; elle est o par rapport à la seconde; on met donc l'astérisque, qui peut également signifier 30 et o.

« Pour avoir une règle particulière pour trouver l'épacte dans ce siècle, on multipliera par 11 le nombre d'or de l'année courante, on ajoutera 19 au produit, on divisera cette somme par 30, et l'on aura pour reste l'épacte de l'année.

» Ainsi, pour avoir l'épacte de 1811, on multiplie par 11 le nombre d'or 7, on a 77; on y ajoute 19, et l'on divise la somme 96 par 30 ; le reste de la division est 6 ; c'est l'épacte cherchée.

» On peut aussi multiplier par 11 le nombre d'or diminué d'une unité, et diviser le produit par 30; le reste sera l'épacte, parce qu'elle est o

C 2

sous le nombre d'or, 1, et qu'elle augmente de
11 chaque année. Ainsi, dans notre exemple
$\frac{6.11}{30} = 2$, le reste est 6. »

ARTICLE VI.

De l'Indiction romaine.

« Les indictions, ou espèces d'ajournemens ,
que l'on employait dans les tribunaux sous Constantin et les empereurs suivans , formèrent une
période ou un cycle de quinze ans, qui s'est per-
pétué sans cause, et comme une forme arbitraire
de numération ; les indictions commencèrent au
25 septembre 312. Les Empereurs grecs et l'Eglise
de Constantinople commencèrent à compter les
indictions du 1er septembre ; les papes, qui s'en
servaient aussi, commençaient au 1er janvier 313.
Cette période n'a rien de plus remarquable que
d'être citée dans les actes de la Cour de Rome ,
et à Venise dans les actes du sénat.

» Si l'on prolonge le cycle d'indiction, en re-
montant au-delà même de son institution, l'on
voit qu'il aurait été 1, trois ans avant l'ère vulgaire. Il suffit donc d'ajouter 3 au nombre de
l'année courante, et de diviser la somme par
15 ; le reste de la division sera le nombre du cycle
d'indiction qui convient à l'année proposée. Ainsi,
pour 1810, on divisera 1813 par 15 ; le quotient
120 nous apprend qu'il y a eu 120 révolutions

de ce cycle depuis le commencement de notre
ère, et le reste 13 de la division est le nombre
d'indiction qui convient à l'année 1810. »

ARTICLE VII.

Des Périodes dionysiennes et juliennes.

« Les combinaisons du cycle solaire et du cycle
lunaire forment la période dionysienne, qui doit
ramener les nouvelles lunes aux mêmes jours de
la semaine et aux mêmes jours du mois, puisqu'à la fin de chaque cycle solaire, les jours du
mois reviennent aux mêmes jours de la semaine,
et qu'au bout de chaque cycle lunaire, les nouvelles lunes reviennent aux mêmes jours du mois.
Si l'on multiplie 19 par 28, ou le cycle lunaire
par le cycle solaire, on aura 532 ans. Cette période fut employée par Denys-le-Petit, l'an 527.
(Janus, *Hist. Cycli dionysiani*; Petav, *Doct.
temp.*, lib. 11, cap. 67. Ce fut lui qui, en réfor-
mant les calculs du calendrier, établit pour époque
de nos années celle de la naissance de J. C. Cette
période s'appelle aussi *période victorienne*, à
cause de Victorinus ou Victorius, qui l'avait
proposé le premier dans le cinquième siècle, pour
corriger le cycle pascal de Cyrille et Théophile
(*Petav*, t. 1, p. 116). Enfin on l'appelle le *grand
cycle pascal*, parce que, après cet espace de
532 ans, les nouvelles lunes reviennent aux mêmes

jonrs de la semaine et du mois, ainsi que les lettres dominicales; Pâques et les fêtes mobiles se retrouvaient aussi dans le même ordre avant la réformation gregorienne, et alors on s'en servait réellement pour cet effet. Depuis la réformation du Calendrier, cette période n'est plus d'aucun usage.

» La *période julienne* est le produit des trois cycles, solaire, lunaire et d'indiction, ou de 28, 19 et 15, c'est-à-dire, un espace de 7980 ans, dans lequel il ne peut y avoir deux années qui aient les mêmes nombres pour les trois cycles, mais au bout duquel les trois cycles reviennent ensemble dans le même ordre.

» La période julienne a été proposée par Joseph Scaliger, comme une mesure universelle en chronologie. Cette période peut servir à trouver pour chaque année les trois cycles; car il suffit d'ajouter 4713 à l'année de notre ère, et de diviser la somme par 28, par 19, par 15; les restes sont les nombres de chaque cycle.

» Si, pour une année dont on connaît le cycle solaire, le nombre d'or et l'indiction, on cherchait quelle est l'année de la période julienne, ce serait la matière d'un problème indéterminé arithmétiquement, mais déterminé chronologiquement; il se réduit à chercher un nombre qui, divisé par 3 nombres donnés, produise 3 restes donnés. Wallis en donna une solution en 1678; elle fut imprimée à la suite des œuvres d'Horoccius. On en trouve une d'Euler dans les *Mémoires* de Pétersbourg (t. VII, p. 46), et une dans les *Institutions Astronomiques* de Le Monnier (p. 620).

» Voici une règle générale. Les produits du nombre d'or par 3780, et de l'indiction par 1064, étant ôtés du produit de 4845 par le cycle solaire (augmenté, s'il le faut, de 7980), on divisera la différence par 7980, si cela se peut; le reste de la division sera le nombre cherché, ou l'année de la période.

Exemple. » En 1810, les 3 cycles sont 6, 13 et 27 ; les trois produits sont 22680, 13832 et 130815, le quotient 11, et le reste de la division 6523 : c'est l'année de la période julienne qui répond à 1810. »

Conclusion de cette partie.

Il suit de ce qui précède, 1°, que par la lettre dominicale et le cycle solaire, l'année se divise en semaines, et que chacun des jours qui les composent se trouve placé au jour du mois qu'il doit occuper ; 2° que par le nombre d'or et l'épacte, les fêtes mobiles ont aussi leurs places ; 3°, que celles des fêtes immobiles sont toujours aux mêmes quantièmes : ainsi je crois en avoir dit assez pour faire voir comment on forme le Calendrier.

Et pour épargner toute espèce de calcul aux

personnes que cette connaissance peut intéresser, voici une table dans laquelle on voit la correspondance des cycles, des lettres dominicales et de la fête de Pâques, pour un espace de 28 ans.

A l'égard du lieu du soleil, de la lune et des planètes, de leur lever et de leur coucher, etc., il faut consulter, sur toutes ces choses, les Ephémérides ou la Connaissance des Tems.

Année.	Cycle sol.	Lett. Dom.	Prém. jour de l'année	Nomb. d'or.	Épacte.	Pâques.	Indiction.
1812	1	ED	Mercr.	8	XVII	29 mars	15
1813	2	C	Vend.	9	XXVIII	18 avril	1
1814	3	B	Samed	10	IX	10 avril	2
1815	4	A	Diman	11	XX	26 mars	3
1816	5	GF	Lundi	12	I	14 avril	4
1817	6	E	Mercr.	13	XII	6 avril	5
1818	7	D	Jeudi.	14	XXIII	22 mars	6
1819	8	C	Vend.	15	IV	11 avril	7
1820	9	BA	Samed	16	XV	2 avril	8
1821	10	G	Lundi	17	XXVI	22 avril	9
1822	11	F	Mardi.	18	VII	7 avril	10
1823	12	E	Mercr.	19	XVIII	30 mars	11
1824	13	DC	Jeudi.	1	*	18 avril	12
1825	14	B	Samed	2	XI	3 avril	13
1826	15	A	Diman	3	XXII	26 mars	14
1827	16	G	Lundi.	4	III	15 avril	15
1828	17	FE	Mardi.	5	XIV	6 avril	1
1829	18	D	Jeudi.	6	XXV	19 avril	2
1830	19	C	Vend.	7	VI	11 avril	3
1831	20	B	Samed	8	XVII	3 avril	4
1832	21	AG	Diman	9	XXVIII	22 avril	5
1833	22	F	Mardi	10	IX	7 avril	6
1834	23	E	Mercr.	11	XX	30 mars	7
1835	24	D	Jeudi.	12	I	19 avril	8
1836	25	CB	Vend.	13	XII	3 avril	9
1837	26	A	Diman	14	XXIII	26 mars	10
1838	27	G	Lundi.	15	IV	15 avril	11
1839	28	F	Mardi.	16	XV	31 mars	12

TROISIÈME PARTIE.

De la Chronologie ou de l'Histoire des Tems.

ARTICLE PREMIER.

De la Chronologie en général.

Le but de cette science est de fixer la place que les événemens occupent dans le tems, comme la géographie marque sur notre globe les lieux où ils sont arrivés; c'est à peu près la définition qu'en donne Newton : *in tempore quoad ordinem successionis in spatio, quoad ordinem sitûs locantur universa.*

Non-seulement la chronologie fixe le tems des événemens les plus mémorables, elle nous apprend aussi ceux qui, chez différens peuples, ont fourni des époques d'où ils ont commencé à compter les années.

Ainsi l'établissement des jeux olympiques sous Yphitus, étant devenu une époque célèbre pour tous les Grecs, et ces jeux se renouvelant tous les cinq ans, ils comptèrent depuis par olympiades.

De même la fondation de Rome devint chez les Romains une époque d'après laquelle ils comptèrent les années.

Le mot *époque* signifie originairement arrêt, parce que c'était comme un point fixe d'où l'on marquait le tems. Nous lui avons substitué celui d'ère, qui signifie la même chose, mais dont l'étymologie n'est pas trop connue.

Les savans ont fait de vains efforts pour perfectionner la chronologie. Malgré les systèmes auxquels ils ont eu recours pour cela, ils diffèrent encore sur les points les plus essentiels de l'histoire sacrée et profane, tels que les années écoulées depuis la création du monde, le séjour des Israélites en Egypte, la chronologie des Juges, celle des rois de Juda, d'Israel, le commencement de la captivité, celui des septante semaines de Daniel, la naissance, la mission et la mort du Messie, l'origine de l'empire des Chinois, les dynasties d'Egypte, l'époque du règne de Sésostris, le commencement et la fin de l'empire d'Assyrie, la chronologie des rois de Babylone, des princes mèdes, des successeurs d'Alexandre, etc., sans parler des tems fabuleux ou héroïques, où les difficultés sont encore plus nombreuses; on ne peut donc rien espérer de précis sur la chronologie ancienne : c'est ce que remarque un auteur célèbre avec beaucoup d'énergie.

« Ceux qui reprochent aux plus fameux chronologistes les variétés de leurs résultats, ne pa:

raissent pas avoir senti l'impossibilité morale de la précision qu'ils exigent. S'ils avaient considéré mûrement la multitude prodigieuse de faits à combiner; la variété de génie des peuples chez lesquels ils se sont passés; le peu d'exactitude des dates, inévitable dans les tems où les événemens ne se transmettaient que par tradition; la manie de l'ancienneté, dont presque toutes les nations ont été infectées; les mensonges des historiens, leurs erreurs involontaires; la ressemblance des noms, qui a souvent diminué le nombre des personnages; leur différence, qui les a multipliés plus souvent encore; les fables présentées comme des vérités; les vérités métamorphosées en fables; la diversité des langues; celle des mesures du tems, et une infinité d'autres circonstances qui concourent toutes à former des ténèbres : s'ils avaient, dis-je, mûrement considéré toutes ces choses, ils seraient surpris, non qu'il se soit trouvé des différences entre les systèmes chronologiques, mais qu'on en ait jamais pu inventer aucun. »

» *Quel parti prendrons-nous sur l'ordre des événemens*, dit plus haut le même auteur?

» Regarderons-nous avec quelques Anciens, le monde comme éternel, et dirons-nous que la succession des êtres n'a point eu de commencement et ne doit point avoir de fin? ou convenant, soit de la création, soit de la formation de la matière dans le tems, penserons-nous avec quelques auteurs, que ces actes du Tout-Puissant sont d'une date si reculée, qu'il n'y a aucun fil, soit historique, soit traditionnel, qui puisse nous y conduire, sans se rompre en cent endroits? ou, reconnaissant l'absurdité de ces systèmes, et nous attachant aux fastes de quelques peuples, préférerons-nous ceux des habitans de la Bétique, en Espagne, qui produisaient des annales de six mille ans? ou, compterons - nous, avec les Indiens, six mille quatre cent soixante-un ans depuis Bacchus jusqu'à Alexandre? ou, plus jaloux encore d'ancienneté, suivrons-nous cette histoire chronologique de douze à quinze mille ans dont se vantaient les Egyptiens, et donnant, avec les mêmes peuples, dix-huit mille ans de plus à la durée des règnes des Dieux et des Héros, vieillirons-nous le monde de trente mille ans? »

Assurerons-nous, avec les Caldéens, qu'il y avait plus de quatre cent mille ans qu'ils observaient les astres, lorsque Alexandre passa en Asie, ou dirons-nous, avec M. Gibert, qu'il n'y avait que 400,000 jours? enfin choisirons - nous le texte hébreu, qui compte environ quatre mille ans depuis Adam jusqu'au Messie; ou le Samaritain, qui donne plus d'étendue à cet intervalle ; ou les septante, qui font remonter la création jusqu'à six mille ans avant J. C.?

Ce n'est pas dans un ouvrage comme celui-ci qu'on peut suivre les détours de cet immense dédale, et il me conviendrait moins qu'à tout autre de chercher le fil qui pourrait y conduire: d'ailleurs, selon les plus savans chronologistes, il est inutile de se fatiguer à concilier les différens systèmes, ou à en imaginer de nouveaux ; il suffit d'en choisir un, et de l'indiquer quand on écrit l'histoire ancienne, afin de ne causer aucun embarras à ses lecteurs.

Je me bornerai donc à quelques remarques sur la chronologie de Newton , et sur celle des Chinois.

ARTICLE II.

De la Chronologie de Newton.

Selon cet homme célèbre, les Tables chronologiques les plus suivies , qui placent l'expédition des Argonautes 1470 ans avant J. C., et le siége de Troye l'an 1400 , feraient le monde trop vieux de cinq cents ans , et le voyage des Argonautes n'aurait été entrepris que neuf cents ans avant J. C. Il appuye ce nouveau système sur deux espèces de preuves.

Les Grecs comptaient, dit-il, cent vingt ans pour trois générations ; mais les rois ne régnant pas aussi long-tems que les hommes vivent, il évalue chaque génération de roi à vingt ans. D'après cette seule remarque, il fait voir que l'on a commis beaucoup d'erreurs dans les calculs chronologiques.

M. Fréret, au contraire, en parcourant l'histoire des tems connus, trouve que chaque génération de roi doit être évaluée entre trente et quarante ans.

Les autres preuves de Newton appartiennent à l'Astronomie. On sait que les étoiles fixes, et par conséquent les points équinoxiaux, se meuvent avec la vîtesse d'un degré en soixante-douze ans. Si donc l'on connaît la position de ces points, lors du départ des Argonautes pour la Colchide, en la comparant à celle où ils sont aujourd'hui, on saura le tems écoulé depuis ce voyage célèbre. Or, avant de partir, Chiron le Centaure, qui fut de cette expédition, forma les signes du zodiaque et les autres constellations ; détermina les quatre points cardinaux du ciel, et fixa le colure de l'équinoxe du printems au quinzième degré du Bélier. Cette observation regardée comme certaine, le temps de l'expédition est connu, de même que celui du siége de Troye ; et comme le célèbre Méton fixa, un an avant la guerre du Péloponèse, le solstice d'été au huitième degré du Cancer, l'époque de cette guerre est aussi déterminée ; événemens d'où dépend toute la chronologie ancienne. Mais sans parler de toutes les objections du P. Souciet et de M. Fréret contre cette hypothèse, peut-on compter sur des observations faites dans des tems si reculés, et cette incertitude ne fait-elle point perdre à cet ingénieux système, une grande partie de sa solidité ?

ARTICLE III.

De la Chronologie chinoise.

Les Chinois ont un tribunal appelé *Haneline*, composé des plus habiles Lettrés, où se déposent les mémoires de tout ce qui arrive dans l'empire. Ce tribunal est joint à celui d'Astronomie, ensorte que les faits historiques et les observations célestes marchant ensemble, on peut toujours vérifier la date de ces observations, et déterminer avec exactitude le tems des événemens contemporains.

Si les annales de ces peuples avaient toujours été rédigées de cette manière, l'antiquité de leur empire, qu'ils font remonter à Fohi, 3331 ans avant J. C. , et selon le texte hébreu , 3003 avant le déluge, cette antiquité, dis-je, serait certaine ; mais on sait que cette exactitude si intéressante n'a eu lieu que depuis la mort de Tsin-Tchi-Hoamti, l'an 206 avant J. C. On sait encore que quarante-six ans auparavant, cet empereur, par une fureur dont on n'a jamais su le motif, entreprit d'anéantir les lettres à la Chine ; qu'en conséquence il ordonna, sous peine de mort , de brûler tous les livres qui ne traitaient point d'agriculture , de médecine ou de divination, et que dans cet incendie général périrent tous ceux d'histoire.

Ce n'est donc que sur le témoignage de quelques fragmens, qui furent recueillis avec soin par le successeur de *Tsin-Tchi-Hoamti*, et sur celui d'un vieux livre appelé *Tsou Chou*, qui fut trouvé dans un tombeau 300 ans après, que les Chinois fondèrent leur ancienneté.

Selon ces restes précieux de l'ancienne littérature chinoise, qui ont un très-grand crédit à la Chine, cet empire semblerait remonter, non à trois mille trois cent trente-un, mais à deux mille trois cents ans avant J. C. ; car il paraît prouvé que l'époque du règne de Yao, regardé par tous les chronologistes comme le fondateur de l'empire chinois, doit être placée au moins deux mille cent quarante-cinq ou sept ans avant J. C. ; et selon eux, on ne peut placer Hoamti, personnage célèbre, moins de cent cinquante ans auparavant, d'autant plus que, selon les écrivains chinois, et selon M. Fréret, Yao savait assez d'astronomie pour avoir réformé le Calendrier, et entrepris de fixer les équinoxes. Or, est-il vraisemblable qu'on fut aussi savant dans ce tems-là, sans que l'on suppose une ancienneté d'un ou de plusieurs siècles.

Un auteur illustre fait à cette occasion une remarque bien favorable au système de M. de Guignes ; selon lequel les Chinois ne seraient qu'une colonie des Egyptiens : c'est que les premières observations chinoises paraissent coïncider avec les premières observations caldéennes. Les Chinois, dit-il, sont certainement sortis, ainsi que tous les autres peuples, des plaines de Sennaar, et l'on ne pourrait guères en avoir de plus fortes preuves, que cette identité d'époque dans leurs observations astronomiques les plus anciennes.

ARTICLE IV.

Des Epoques les plus célèbres, et de la manière d'en compter les années.

« L'époque de la création du monde, suivant le P. Petau, d'après les calculs de la Genèse, paraît être à l'an 730 de la période julienne, 3984 ans avant J. C. (*Doct. tem.*, t. 2, p. 282, éd. de 1705); ce qui fait 3983 suivant la méthode des astronomes.

» L'ère des olympiades commence à l'année 3938 de la période julienne, 776 ans avant l'ère chrétienne; ce qui fait 775 suivant la forme des Tables astronomiques. Le cycle solaire était 18, le cycle lunaire 5 et l'indiction 8. Les Athéniens comptaient ces années de la nouvelle lune la plus voisine du solstice d'été, c'est-à-dire, d'un des jours des mois de juin ou de juillet; il y a sur cet article quelques différences d'opinions parmi les chronologistes, mais il n'y en a point sur l'année de cette date. (*Pet.*, livre IX, chapitre 40.)

» La

» La fondation de Rome, selon Varron, Cicéron, Pline, Tacite, Plutarque, Censorinus, Baronius, Petau, Riccioli, se rapporte au 21 avril 3961 de la période julienne, 753 ans avant J. C. (752 suivant les astronomes). Censorinus et la plupart des savans, les empereurs même dans les jeux séculaires, ont adopté cette manière de compter, qui forme les années varroniennes de la fondation de Rome, quoique cette ville ait été fondée deux ans plus tard selon les fragmens des fastes du Capitole de Verrius Flaccus. Voyez *Fastorum anni Romani reliquiæ*, *Fuggini*, 1779. L'année 753 avant J. C. avait 13 de cycle solaire, 9 de cycle lunaire, et 1 d'indiction. (Ricioli, *Astron. réform.*, 1665, p. 16; *Chron. réform.*, 1669, p. 150.)

» L'ère de Nabonassar, célèbre par les calculs d'Hypparque et de Ptolémée, est celle de la fondation du royaume de Babylone, ou de la quatrième et dernière monarchie de l'empire des Assyriens, Nabonassar s'étant emparé pour lors de la ville de Babylone. Cette ère commence à l'an 3967 de la période julienne, 747 ans avant J. C. (746 suivant les astronomes). Le commencement du mois thoth tombe au 26 février à midi, au méridien d'Alexandrie, ou une heure cinquante minutes vingt-deux secondes avant midi, au méridien de Paris. Cette année là le cycle solaire était 19, le cycle lunaire 15, le cycle d'indiction 7. De cette époque se comptent les années égyp-

D

tiennes de 365 jours (*) ; et après 1460 années
complètes, la 1461ᵉ se retrouve commencer au
26 février.

» La mort d'Alexandre arriva le 19 juillet,
l'an 4390 de la période julienne, 324 ans avant
J. C. (ou 323 suivant les astronomes), et la septième année de la période calippique. Ptolémée
dit qu'il y a 424 ans de la première année de
Nabonassar jusqu'à la mort d'Alexandre , et
294 jusqu'à la première année du règne d'Auguste.

» L'ère chrétienne, ou la première année de
J. C., est la 4714ᵉ de la période julienne. Cette
année, on avait 10 de cycle solaire, 2 de cycle
lunaire , 4 d'indiction romaine ; c'est la 46ᵉ des
années juliennes , c'est-à-dire , la 46ᵉ à compter
depuis la réformation du calendrier par Jules-

(*) Il y avait autour du tombeau d'*Osyman-
dias* , roi de Thèbes ou d'Héliopolis, qui vivait
plus de 1600 ans avant J. C., un cercle d'or de
365 coudées (chacune de 20 pouces et demi);
on voyait un jour de l'année à chaque coudée,
avec le lever et le coucher des étoiles qui répondaient à chaque jour. Newton croit que c'était
en mémoire de l'établissement de l'année de 365
jours. Ce cercle fut enlevé sous le règne de Cam-
byse, roi de Perse, lors de la conquête e l'E-
gypte, 524 ans avant J. C.

(63)

César; elle concourut depuis le 1er janvier jusqu'au 21 avril, avec l'année de Rome 753, et ensuite avec l'année 754.

» La naissance effective de J. C. tombe à la fin de l'année avant l'ère chrétienne, ou 4711e de la période julienne, suivant Baronius et Scaliger, et, même deux ans plutôt suivant quelques auteurs; mais le P. Petau prouve assez qu'il y là-dessus beaucoup d'incertitude (liv. XII, ch. 4, 5 et 6). Le P. Alexandre, dans sa grande *Histoire ecclésiastique*, la fixe à la fin de l'année 4 avant l'ère vulgaire (*Dissert. I*, t. III, p. 65 et 66).

» L'époque des Turcs, appelée *hégire*, commence à la fuite de Mahomet quand il sortit de la Mecque; elle tombe au vendredi 16 juillet 622, ou 5335 de la période julienne. Il y a une autre secte d'Arabes qui place le commencement de l'hégire au jeudi 15 juillet.

» Les années arabes sont de 354 jours 8 heures 48 minutes, et les années civiles sont des années lunaires de 354, et ensuite de 355 jours; ainsi douze années juliennes font 12 ans 130 jours 14 heures 24 minutes. Ils partagent leurs années en cycles de 30 ans, dans lesquels ils font 19 années communes de 354 jours, et onze de 355; savoir: les années 2, 5, 7, 10, 13, 16, 18, 21, 24, 26 et 29 de chaque cycle (*Petau*, p. 410).

» On peut voir la comparaison détaillée des Calendriers et des époques usités chez les Romains,

les Egyptiens, les Arabes, les Perses, les Syriens et les Hébreux ; dans le Commentaire sur le
premier chapitre d'Alfragan, ajouté par *Christ-
man* à l'édition de 1590, in-8° ; dans Riccioli
(*Chron. réform.*) ; dans Petau, etc. »

QUATRIÈME PARTIE.

Des Instrumens propres à mesurer les Tems.

ARTICLE PREMIER.

Réflexions sur l'art de mesurer le Tems.

Si tout ce qui est dans l'Univers devenait immobile, nous ne pourrions plus déterminer la quantité du tems ; et la durée des choses s'écoulerait sans distinction de ses parties.

Les corps qui se meuvent sont donc les seules mesures de la durée ou du tems ; car un corps ne pouvant pas être dans plusieurs lieux à la fois, il ne parvient d'un endroit à un autre, qu'en passant successivement par tous les lieux intermediaires. Si l'on est assuré qu'à chaque point de la ligne qu'il décrit, il est animé de la même force, il la decrira d'un mouvement uniforme, et les parties de cette ligne pourront mesurer le tems employé à les parcourir.

Les mesures du tems qui naissent de la révolution apparente du soleil autour de la terre,

D 2

paraissent être celles dont on a d'abord fait usage. Les gnomons ont été les premiers instrumens qu'on ait employés, parce que la nature les indiquait, pour ainsi dire, aux hommes : les montagnes, les arbres, les édifices sont autant de gnomons naturels qui ont fait naître l'idée des gnomons artificiels qu'on a élevés dans presque tous les climats. Selon Hérodote, Anaximandre, qui vivait 544 ou 546 ans avant J. C., fit le premier connaître à Lacédémone et dans la Grèce, les horloges ou cadrans solaires ; mais les Juifs et les autres peuples de l'orient en firent usage auparavant : l'horloge d'Achaz paraît devoir faire remonter cette découverte jusqu'à l'an 727 au moins, avant J. C. Falconet soupçonne que les Juifs avaient reçu cette invention des Phéniciens ou des Caldéens : il ne serait point étonnant qu'elle eût passé des Babyloniens aux Syriens, et de Damas à la Judée.

« Lucius Papirius Cursor fut le premier qui fit connaître aux Romains une horloge ou cadran solaire. Onze ans avant la guerre de Pyrrhus, ou l'an 460 de Rome, il en fit tracer un près du temple de Quirinus, pour accomplir un vœu de son père. »

Mais les cadrans solaires les plus parfaits n'étant d'aucun secours en l'absence du soleil, pour y suppléer, les hommes jetèrent bientôt les premiers fondemens de l'horlogerie.

Cet art, dit le Père Alexandre, *autrefois*

*traité comme un art mécanique , sera main-
tenant mis au rang des arts libéraux les plus
distingués : il n'y occupera pas la dernière
place ; car on peut le regarder comme le chef-
d'œuvre de l'invention humaine.*

En effet , il n'en est aucun qui renferme une
industrie aussi délicate, des traits de génie aussi
marqués , un plus grand nombre d'inventions
savantes , également capables d'instruire, d'amuser et de faire naître de nouvelles idées pour la
composition de tout ouvrage de mécanique.

Parcourons les productions de l'industrie humaine les plus admirées, les différentes sortes de moulins, les pompes les plus ingénieuses, les automates
les plus surprenans, les métiers à faire les étoffes,
les galons , etc. Quoique tous ces ouvrages soient
fort remarquables par la sagacité qu'on y dé-
couvre , il faut convenir cependant que les premiers élémens de la mécanique ont suffi à ceux
qui les ont imaginés , et que ces inventions ne
contiennent pour la plupart qu'une seule idée
répétée un grand nombre de fois.

Le métier à faire les bas, par exemple, que
ceux même qui ont peu de goût pour la mécanique considèrent avec une sorte d'admiration,
est composé de plus de 3000 pièces ; il n'y règne
cependant qu'un artifice répété pour chaque
maille. De même dans une figure automate , le
mécanisme employé pour le mouvement de son
bras, sert aussi pour celui de sa jambe ; lorsque

l'on est parvenu à lui faire remuer un doigt, l'on fait aisément mouvoir les neuf autres, etc. : si cent livres de poids ne suffisent pas pour faire mouvoir la machine, on en met deux cents, etc., elle ne doit représenter que par intervalles, qu'importe qu'elle soit sujette aux plus grands dérangemens, pourvu que les spectateurs ne s'en aperçoivent pas ?

Il n'en est pas de même d'un ouvrage de mécanique destiné à mesurer le tems; tout doit y être arrangé, combiné avec une sage économie, et chaque pièce qui le compose contient souvent, comme nous le verrons bientôt, un artifice particulier.

Mais ce qui doit surtout distinguer l'horlogerie des autres arts, où, pour réussir, il ne faut souvent que des connaissances assez bornées dans la mécanique, c'est cette connexion intime qui lui est propre avec les sciences auxquelles elle est subordonnée, et dont elle fait partie : c'est pour cette raison que les auteurs des plus belles découvertes dans cet art, Galilée, Huygens, le docteur Hook et quelques autres, n'y ont été conduits que par les plus grandes lumières de la Géometrie.

ARTICLE II.

Des mesures du tems ou Horloges anciennes.

On attribue aux Egyptiens la division du jour en vingt-quatre parties égales, et l'on en raconte une origine plaisante. Quelques auteurs disent qu'Hermès, ou Mercure-Trismégiste, ayant observé le premier qu'une espèce de singe, appelé *Cynocéphale*, consacré à Sérapis, jetait son urine douze fois par jour et autant la nuit, en des intervalles égaux, s'en servit ensuite pour mesurer les heures du jour. Ils font même dériver le mot *heure* d'un nom grec qui signifie *urine*. Il est vraisemblable, et c'est le sentiment de Goguet, que l'observation d'Hermès donna l'idée des clepsydres, qui sont de l'antiquité la plus reculée.

Elles furent long-tems les seules machines dont on fit usage chez les differens peuples, pour mesurer le tems. Le P. Gaubil, dans son *Histoire de l'Astronomie chinoise*, dit que les astronomes de cette nation supputaient, par leur moyen, les intervalles de tems qui s'écoulaient entre les passages d'une étoile par le méridien, le lever et le coucher du soleil, etc.

« L'art de diviser la journée ne parut que tard à Rome ; car on n'y connut, jusques et au-delà du cinquième siècle de sa fondation, que le lever et le coucher du soleil avec le midi. Ce dernier était marqué par l'arrivée du soleil, entre la tribune aux harangues, et un lieu nommé *Græcostasis*. Alors un héralt, préposé à guetter le moment, le proclamait au peuple : les gens de qualité, à l'imitation des Grecs, avaient des esclaves qui leur en apportaient l'annonce. »

» On trouve dans Sextus Empiricus, auteur du second siècle (*Contra mathematicos*, p. 342, édit. de 1718), la manière dont les Caldéens avaient divisé le zodiaque. On remarqua une des étoiles les plus brillantes, et remplissant d'eau un grand vase percé d'une petite ouverture, du moment où l'étoile se levait, on laissait couler l'eau dans un autre vase jusqu'au lendemain au lever de la même étoile ; partageant ensuite cette eau en douze portions égales, on remarqua le tems qu'il fallait à chacune pour s'écouler, et l'on observa les étoiles qui se levaient à chaque douzième. C'est ainsi qu'on marqua les douze signes ou les douze portions du zodiaque.

» Les astronomes n'auraient point employé la chute de l'eau pour partager le ciel en douze parties, si l'on avait eu un cercle divisé : cet instrument aurait donné directement la division cherchée ; et, comme il est d'une haute antiquité, on voit que l'origine des clepsydres se perd dans les temps les plus reculés. C'est le cercle divisé, ce sont les *armilles* anciennes, qui donnèrent naissance aux cadrans. Un cadran solaire n'est qu'un cercle décrit sur un plan.

une armille simplifiée. Ce cercle, divisé en 6o degrés, comme il l'était jadis, ou relativement aux 12 portions de l'équateur, fournit deux divisions du jour, l'une plus générale, et qui semble plus ancienne, en soixante parties, l'autre en douze. Ces heures furent d'abord égales : elles n'auraient point été proposées pour la mesure du tems, si elles avaient été inégales : d'ailleurs l'instrument même, le cadran les donnait telles. On n'aurait pu construire des cadrans qui indiquassent des heures inégales, sans le secours de la méthode des projections, qui est assez moderne, et très-postérieure à l'invention des cadrans. Les heures ne devinrent inégales que lorsqu'elles passèrent de l'usage astronomique à l'usage civil.

» Les astronomes appellent *jour*, ou *jour artificiel* (P. Part., art. 7), la durée d'une révolution entière du soleil. Le jour artificiel embrasse un jour naturel et la nuit consécutive. Le peuple, qui veille pour travailler quand le soleil l'éclaire, qui dort quand il l'abandonne, ne put concevoir qu'on appelât *jour* un assemblage de lumières et de ténèbres, de travail et de repos ; il dénatura une division utile, et l'ignorance la rendit inexacte pour la plier à son usage : elle ne s'embarrassa pas si le tems s'écoule également pendant que les hommes se livrent au sommeil ; elle appliqua les 12 heures au jour naturel, au tems de la présence du soleil. La multitude résiste par sa masse et par la force d'inertie ; elle fait la loi au petit nombre d'esprits supérieurs : il fallut céder à l'ignorance qu'on ne put éclairer, et l'on doubla le nombre des heures pour que la nuit fût mesurée comme le jour. On eut donc 24 heures. Mais la science fit plus ; après avoir laissé la victoire à son ennemie, elle fut obligée de venir à son secours et de remédier aux suites de son obstination. Les jours étant inégaux, les heures deviennent inégales comme eux dans les différens tems de l'année. Le peuple avait, sans doute comme nos laboureurs, quelque moyen grossier, produit par l'inspection habituelle du spectacle du ciel, pour faire le partage des heures du jour ; mais ce partage se faisait mal : les heures de chaque jour devaient être égales entre elles, elles ne l'étaient pas. La science tira de ses méthodes et de ses inventions nouvelles, la construction des horloges et des cadrans compo-sés, qui partageaient la durée inégale des jours en douze parties égales : cette perfection fut l'ou-vrage de l'école d'Alexandrie. Vitruve nous a con-servé une nomenclature et une description de ces différens instrumens, entre autres de la fameuse clepsydre de Ctésibius, qui passe pour avoir été la première de cette espèce.

Suivant les recherches de Falconet, ce ne fut que vers le commencement du quatorzième siècle de notre ère, que l'on fit des horloges mécani-niques sans le secours de l'eau (*).

(*) On les connaissait dès l'an 1120. *Journal des Savans*, 1782, p. 192.

Les savans sont peu d'accord sur cette invention. Les uns l'attribuent à Pacificus, archidiacre de Vérone, excellent mathématicien, mort en 849; d'autres à Gerbert; d'autres à Walingford, bénédictin anglais; d'autres à Régiomontanus, qui naquit en l'année 1436, etc. Peut-être ont-ils tous raison. Il était au-dessus des forces de l'esprit humain de faire parvenir tout de suite à sa perfection un art aussi compliqué; il fallait des siècles pour cela. Ainsi les clepsydres à roues auront donné l'idée du rouage; Pacificus aura peut-être inventé le modérateur ou balancier; Gerbert, ou un autre, l'échappement à roue de rencontre, le plus anciennement connu, et dont on fait encore généralement usage dans les montres ordinaires; Walingford, ou ses prédécesseurs, auront enfin, vers le commencement du 14e siècle, supprimé l'action de l'eau ou du sable, pour y substituer celle d'un poids moteur, etc.

Quoi qu'il en soit, une horloge, dans ce tems là, était déjà composée, 1° d'une force motrice, c'est-à-dire, d'un poids; 2° de plusieurs roues et pignons formant ce qu'on appelle un *rouage;* 3° d'un échappement; 4° enfin d'un modérateur ou balancier. Voici quelles étaient les fonctions de toutes ces parties.

Le *modérateur,* par sa masse ou inertie, retardait le mouvement du rouage qui, sans cet obstacle, se serait mû avec une vîtesse prodigieuse par l'action du poids. Cet effet s'opérait

E

par un mécanisme dont on peut voir le jeu en ouvrant une montre ordinaire. En examinant l'intérieur de cette machine avec attention, on apercevra que la dernière roue, nommée *roue de rencontre*, dont l'axe est parallèle aux platines, et perpendiculaire à l'axe du balancier, pousse alternativement deux petites ailes ou palettes qui s'élèvent sur cet axe, et forment entre elles un angle d'environ 100 degrés; qu'une de ces palettes ayant été poussée, celle qui lui est opposée s'avance dans les dents de la roue, et la fait d'abord un peu reculer jusqu'à ce qu'elle soit poussée à son tour par cette roue, etc. : c'est ce que l'on nomme *l'échappement*. Par son moyen, le modérateur recevait le mouvement du poids ou moteur, mais de manière que l'espace parcouru par ce moteur dans sa descente, étant extrêmement diminué, on n'était pas dans la nécessité de le remonter continuellement : cela s'exécutait au moyen du *rouage*.

Pour bien entendre cet effet, supposons que ce rouage fût composé de trois roues de même grandeur, et de quarante-huit dents chacune, et que les deux dernières fussent montées sur des arbres ou tiges portant des pignons de douze ailes; il est certain que, les roues engrenant dans les pignons, dans ce cas, la première sur laquelle le moteur agit immédiatement, ne fait que le quart

d'un tour, tandis que la seconde fait un tour entier; car, dans ce quart, elle porte douze dents
qui, s'étant appliquées successivement sur chaque
aile du pignon de douze ailes, lui ont fait faire une
révolution, ainsi qu'à la roue qui lui est centralement adaptée. On fera le même raisonnement
pour l'autre roue et son pignon. Ainsi, pour avoir
le nombre de ses tours pour un de la première, il
faudra multiplier 4, nombre des tours que cette
première fait faire à la seconde pour un des siens,
par 4 que fait la dernière pour un de la seconde,
ce qui donne 16; d'où il suit que le poids adapté
à la première, au moyen d'une poulie, d'un cylindre, etc., arrivait seize fois plus tard au bas de
sa descente que si cette roue avait été seule, et
que l'effort de ce poids, par les lois de la mécanique, était seize fois moins considérable à la
circonférence de la troisième roue qu'à celle de
la première.

Il est aisé de concevoir que si l'on ajoutait au
rouage précédent un troisième pignon et une quatrième roue, elle ferait soixante-quatre tours pour
un de la première, ainsi de suite; et qu'en changeant le rapport des nombres des pignons et des
roues, on augmente ou diminue à volonté les
tours de la dernière par rapport à ceux de la première; que par conséquent on est maître de faire
descendre le poids aussi lentement qu'on le sou-

(78)

haite, et de faire marcher la machine un jour, un mois, un an, etc., sans qu'il soit besoin de remonter ce poids.

Si ces horloges, qui précédèrent la découverte et l'application du pendule et du ressort spiral, surpassèrent celles des Anciens par leur commodité, il y a lieu de croire qu'elles leur étaient inférieures du côté de la justesse; car nous voyons que Tycho-Brahé, dans l'avant-dernier siècle, s'est servi de clepsydres pour observer le mouvement des astres (*), et que Dudley faisait par leur moyen toutes ses observations maritimes.

On a essayé, et j'ai tenté moi-même, de faire

(*) Tycho-Brahé avait quatre horloges qui marquaient les minutes et les secondes; la plus grosse n'avait que trois roues, dont la première et la plus grande avait trois pieds de diamètre et douze cents dents. On se servait toujours de deux horloges à la fois. Hévélius employa aussi les meilleures horloges de son tems.

Dans les Observations de Waltherus, faites vers l'an 1500, publiées par Schoner, on lit (*pag.* 50), que l'horloge dont il se servait était très-bien réglée; que d'un midi à l'autre elle se retrouvait parfaitement d'accord avec le soleil, et que les tems marqués sur l'horloge étaient presque les mêmes que ceux qu'on tirait du calcul.

des clepsydres avec du mercure : la pesanteur de ce métal et sa constante fluidité m'en faisaient espérer du succès. L'expérience ne tarda pas à me détromper. J'ai reconnu que, par le mouvement et le frottement de ses parties, le mercure se réduit en une poudre grise qui s'attache plus ou moins aux parois du trou par lequel il coule, etc.

De toutes les clepsydres, le tambour contenant des cloisons, suspendu par des cordons le long desquels il descend, me paraît la plus ingénieuse. On peut en voir la description dans le *Traité général des Horloges du P. Alexandre*, p. 73.

ARTICLE III.

De la Sonnerie.

C'ÉTAIT sans doute une grande découverte que celle des cadrans solaires ; ce n'en était pas une moindre d'avoir trouvé le moyen d'y suppléer en l'absence du soleil ; mais ce n'était pas assez pour cette espèce d'ambition qui, à mesure que nos desirs sont satisfaits, nous en fait former de nouveaux : on exigea de l'art que, même en l'absence de toute lumière, on fût instruit par son moyen des différentes périodes de tems qui s'écoulaient : on y parvint par la sonnerie, dont on voit le germe dans la clepsydre que le calife Haroun envoya à Charlemagne, l'an 807.

Selon Ducange, cette horloge, qui était d'airain, marquait le tems par des cavaliers qui ouvraient et fermaient douze portes, suivant le nombre des heures, et elle les sonnait par la chute de quelques balles sur un timbre.

On se propose deux choses en construisant une sonnerie ; la première, de faire frapper au marteau, levé par l'action d'une force motrice, le nombre de coups indiqué par les aiguilles ; la seconde, de mettre un intervalle raisonnable entre chacun de ces coups.

Pour remplir ce dernier objet, on emploie dans les pendules ordinaires à poids, quatre roues, dont la deuxième, qu'on appelle *roue de chevilles*, parce qu'elle porte des chevilles à sa circonférence, sert seule à lever le marteau par chacune de ces chevilles, et au moyen d'un levier placé sur la tige du marteau. Quant aux autres roues, elles ne font que concourir avec la précédente à augmenter les tours du volant, c'est-à-dire d'un pignon sur lequel sont ajustées deux ailes de cuivre. L'obstacle que l'air oppose à ce volant étant considérable, vu le grand nombre de tours que la dernière roue lui fait faire, le retard qui en résulte dans la vîtesse des roues, joint à celui qu'occasionne leur propre inertie, le frottement des engrenages et des pivots, suffisent pour mettre entre chaque coup de marteau l'intervalle nécessaire, et pour que le levier du marteau , après avoir été écarté par l'une des chevilles , ne soit pas subitement rencontré par la suivante , qui pour lors empêcherait le marteau de frapper sur le timbre.

A l'égard de l'autre effet de la sonnerie , il s'exécute dans les pendules ordinaires au moyen de deux petits crochets ou détentes qui arrêtent le rouage et ne le laissent tourner qu'au moment où l'aiguille des minutes étant sur midi ou six heures (60 et 30 minutes) , ces détentes ont été levées par une des roues qui sont sous le cadran.

Le nombre de coups que doit sonner la pendule est déterminé par une roue qui fait une révolution en douze heures ; on l'appelle *chaperon, roue de compte*, etc. : elle est vue sur la platine de derrière dans les pendules à sonnerie. Elle porte douze entailles placées à différentes distances relatives au nombre de coups à sonner ; et lorsque la détente s'appuie sur sa circonférence, ce qui arrive quand la machine sonne , elle tient la détente levée jusqu'à ce qu'une entaille venant à se présenter par le mouvement de la roue , lui permette de tomber et d'arrêter le rouage.

Tel est l'effet des pendules à sonnerie. Accoutumés que nous sommes à les voir et à les entendre , elles ne produisent qu'une faible sensation sur nous ; sans l'habitude d'en jouir , peut-être serions-nous moins surpris de ce qu'on rapporte des Chinois, *qui furent si émerveillés, dit le P. Trigault, des premières horloges qu'on leur porta, qu'ils mirent des gardes auprès pour épier si quelqu'un ne venait point les faire sonner.*

ARTICLE IV.

Progrès de l'Horlogerie depuis le quatorzième siècle jusqu'au seizième.

L'HORLOGERIE, qui avait pris naissance dans le quatorzième siècle, se perfectionnait lentement. On s'appliqua d'abord à enrichir les horloges d'un grand nombre de curiosités : il n'y avait point de ville un peu considérable qui n'offrît quelque singularité en ce genre. La même raison qui engageait alors les pèlerins à représenter les mystères et à jouer, comme l'a dit un poète, *les saints, la Vierge et Dieu par charité*, faisait que ces horloges offraient aussi quelques sujets pieux.

J'en ai vu une, dit le docteur Helein, à Luden en Suède, si artistement composée, que quand elle sonne les heures, deux cavaliers se rencontrent et se donnent l'un à l'autre autant de coups qu'il y a d'heures à sonner ; alors une porte s'ouvre ; on voit un théâtre où est la bienheureuse Vierge assise sur un trône, avec Jésus entre ses bras, accompagné des trois Mages, avec leur cavalcade marchant en ordre. Les rois se prosternent et offrent chacun leur présent; deux trompettes sonnent pendant toute la cérémonie, etc. On peut consulter Schott sur plusieurs autres pièces curieuses de ce genre (*). Leo Allatius, *de Mensura Temporum*, cap. 7, pag. 69, etc.

(*) « On voit à Versailles une horloge construite en 1706 par Antoine Morand, de Pont-de-Vaux, quoiqu'il ne fût point horloger. Toutes les fois que l'heure sonne, deux coqs, placés sur le haut de la pièce, chantent chacun trois fois en battant des ailes; en même tems des portes à deux vantaux s'ouvrent de chaque côté, et deux figures en sortent portant chacune un timbre en manière de bouclier, sur lesquels deux Amours, placés aux deux côtés de l'horloge, frappent alternativement les quarts avec des massues. Une figure de Louis XIV, semblable à celle qui était à la place des Victoires, sort du milieu de la décoration. On voit en même tems s'ouvrir au-dessus de lui un nuage d'où la Victoire descend portant dans la main droite une couronne qu'elle tient sur la tête du roi pendant l'espace d'une demi-minute que dure un carillon, à la fin duquel Louis XIV rentre; la Victoire remonte, les figures se retirent, les portes se ferment, les nuages se réunissent et l'heure sonne. »

Ces chefs-d'œuvres si vantés qui, s'il faut en croire une tradition vulgaire, ont fait crever les yeux à quelques-uns de leurs auteurs, ne sont plus admirés que du peuple. On sait que la plupart de ces effets surprenans s'opèrent avec la dernière facilité ; que, par exemple, un grand cercle que les roues de la sonnerie font tourner, et à la circonférence duquel sont placés douze apôtres, un Suisse, un carrosse, etc., produit une procession ou une marche ; que par le moyen d'un levier répondant aux bras, aux jambes, à la tête ou aux reins d'une figure, et qui, à mesure que le cercle tourne, est levé par la rencontre de quelques chevilles, ces différentes parties se meuvent ; qu'ainsi la figure salue, se prosterne ou donne la bénédiction, si c'est un personnage plus grave.

Quelquefois aussi ces figures étaient placées sur une chaîne qui tournait sur des rouleaux, ainsi qu'on le fait encore dans les tableaux mouvans. Un tambour, semblable à celui qu'on emploie dans les carillons ou serinettes, est ce qu'il y a de plus propre à produire un grand nombre d'effets semblables ; mais toutes ces choses, si capables de captiver l'attention et les regards de la multitude, ne sont plus destinées qu'à faire l'ornement d'une foire. On sait qu'une pièce d'horlogerie est particulièrement recommandable par sa justesse et sa précision.

« Ce fut au commencement du quatorzième

siècle que Richard Walingfort, bénédictin anglais, inventa et fit exécuter pour le couvent de Saint-Albans, dont il était abbé, une horloge qui était une merveille ; car, suivant Leland, elle ne montrait pas seulement les heures, mais encore le cours du soleil et de la lune, les heures des marées, avec une multitude d'autres choses. Il écrivit sur cela un ouvrage intitulé : *Albion*, en faisant allusion aux mots anglais *All-by-one ;* ce qui signifiait sans doute *tout par un même moteur.* Cet ouvrage existe encore en manuscrit dans la bibliothèque de Bodley. Richard Walingfort vivait en 1326 : il était né dans une condition obscure et fils d'un forgeron.

» Jacques de Dondis, citoyen de Padoue, qui réunissait dans un degré, éminent pour son siècle, les qualités de philosophe, de médecin, d'astronome et de mécanicien, fit faire une horloge, en 1344, où l'on voyait le cours du soleil et des planètes : ce bel ouvrage lui mérita le surnom d'*Horologius*, dont sa famille se fait honneur à Florence, où elle subsiste encore. Jacques de Dondis eut un fils nommé *Jean*, qui fut aussi astronome et mécanicien. Il fit une semblable horloge, et même plus curieuse, qui fut placée à Pavie. Cette horloge s'étant dérangée après la mort de l'auteur, Galéas Visconti, duc de Milan, la fit réparer par Guillaume Zélandin, qui était probablement, non un Français, comme on le dit, mais un Hollandais de la province de Zélande. Charles-Quint la fit réparer de nouveau par Janellus Turrianus, mécanicien de ce siècle, qu'il s'était attaché et avec lequel, las enfin des soucis de l'empire et des troubles que son ambition avait excités dans toute l'Europe, il s'amusa de mécanique dans les dernières années de sa vie.

» Tout le monde connaît la fameuse horloge de la cathédrale de Strasbourg. Le mathématicien Conrard Dasypodius, qui a donné une description de ce bel ouvrage en 1580, en est regardé comme l'auteur. (Melchior Adam, *Vitæ Germ. Philos.*)

» L'horloge de S. Jean de Lyon, également célèbre, fut construite en 1598, par Nicolas Lippius, . de Bâle, rétablie et augmentée en 1660 par Guillaume Nourrisson, habile horloger de Lyon. Les autres horloges célèbres sont celles de Nuremberg, où les jours et les nuits, malgré leurs inégalités, étaient partagés chacun également pendant toute l'année, celle de Médina del Campo, d'Ausbourg, de Liége, de Venise, etc. »

La plupart des ouvrages dont nous venons de parler étaient d'un fort gros volume : on les plaçait dans des tours ou dans des clochers. Une montre qui par sa grosseur nous paraîtrait actuellement ridicule, aurait effrayé les horlogers de ce tems-là par sa seule petitesse.

Cependant, à mesure que l'art fit des progrès,

la grandeur des horloges diminua : peu à peu l'on parvint à les placer dans les appartemens; mais pour en venir à les rendre portatives, il fallut faire une découverte importante, celle d'une force motrice qui, pouvant agir dans tous les sens , n'occupât que le moindre volume , il fallut trouver le ressort.

L'on ne sait rien de bien précis sur la date de cette invention : il paraît cependant qu'elle précéda le milieu du seizième siècle ; car l'histoire , en faisant mention du goût particulier que Charles-Quint avait pour l'horlogerie et de la mauvaise plaisanterie d'un de ses maîtres - d'hôtel qui , ne pouvant réveiller son appétit, *désespérait*, disait-il, *de contenter son maître autrement que par une fricassée d'horloges*. L'histoire, dis-je, rapporte qu'on présenta une montre à ce prince; l'on ne sait pas précisément si cette montre était portative comme les nôtres; quelques personnes prétendent que c'était seulement une horloge que l'on pouvait transporter et placer sur une table ; mais dans cette dernière supposition, il fallait toujours qu'elle eût un ressort dont le développement produisît l'effet du poids moteur. On peut donc fixer l'époque de cette découverte vers l'année 1550.

Il paraît même que dès ce tems le ressort avait déjà la forme spirale qu'il a conservée ; qu'il était, comme il l'est actuellement , enfermé dans un barillet ou tambour ; que son extrémité extérieure était attachée à ce tambour, et l'intérieure à un arbre autour duquel il se développait, entraînant et faisant tourner avec lui le barillet autour de son arbre, et par ce moyen les roues, l'arbre restant fixe, comme cela s'exécute encore actuellement (*).

Les montres que l'on avait à la cour de Charles IX et de Henri III, prouvent ce que j'avance. Il s'en trouve de ce tems-là qui sont fort bien travaillées, et de toutes grandeurs, petites, plates, en forme de glands, de coquilles, et dans des bagues ; d'autres qui sont construites pour marcher long-tems. Derham dit qu'il en a vu une qui avait appartenu à Henri VIII, qui marchait pendant toute une semaine : le tems du développement du ressort était prolongé par les roues, comme on

---

(*) J'ai vu des horloges à ressort de tous les âges. J'en ai possédé plusieurs anciennes que j'avais acquises pour mon instruction dans l'histoire de l'art ; mais toutes avaient le barillet fixé à la platine, et par conséquent un arbre tournant. Cette disposition était même indispensable pour l'emploi de la courbe appelée *staak freed*, premier mécanisme en usage pour égaliser la force du ressort. Il existe encore dans ma famille une horloge de cette espèce, qui a plus de trois siècles ; elle est chez les héritiers de mon oncle maternel.

l'a expliqué ci-devant (art. 11) pour celui de la descente du poids.

Cependant on s'aperçut bientôt que l'action du ressort étant beaucoup plus grande dans le haut de sa tension que vers la fin , il en résultait de grandes variations dans la marche de la montre. On y remédia par une mécanique appelée *staak freed*. C'est une espèce de courbe au moyen de laquelle ce ressort (appelé *grand ressort du barillet*) remontait un ressort droit qui s'opposait à son action lorsqu'il était dans sa plus grande force dans les premiers tours, et la favorisait dans les derniers lorsqu'il agissait plus faiblement. Ce moyen , quoiqu'ingénieux , fut abandonné lorsqu'on eut imaginé la fusée, qui , on peut le dire , est une des plus belles inventions de l'esprit humain.

C'est cette pièce formée en cloche , qui a une roue à sa base, et qui porte des spires sur lesquels la chaîne s'enveloppe quand on remonte la montre. Au moyen de l'inégalité de ses diamètres, elle compense celle du ressort qui agit par le petit diamètre de cette fusée quand il est au haut de la bande , et par sa base , quand il est vers la fin.

Telle était à peu près la disposition des montres, lorsque le petit ressort qu'on met sous le balancier, et que les horlogers appellent *ressort spiral* ou *ressort réglant*, inventé vers l'an 1675, et que trois hommes célèbres se disputèrent, donna bientôt aux montres une justesse qui paraît presque incroyable à ceux qui peuvent juger de la multitude des causes qui concourent à les faire varier. Nous expliquerons bientôt ce qui produit cette grande justesse : l'ordre demande que nous parlions auparavant du pendule et de son application à l'horloge.

ARTICLE V.

Du Pendule simple.

Pour faire un pendule simple, l'on suspend une boule de plomb, de cuivre ou d'argent, de 4 ou 5 lignes de diamètre, à un fil de soie bien délié, ou, pour le mieux, à un fil de pite, en sorte que la longueur entre le centre de la boule et le point de suspension, soit exactement de 36 pouces 8 lignes 1/2. Ce pendule ainsi construit, mis en mouvement, ensorte que la boule, à chaque vibration, ne fasse que quelques pouces de chemin, a un mouvement fort régulier qui dure plus d'une demi-heure, et sert à mesurer exactement la durée du tems. Chaque vibration s'achève en une seconde de tems, ou la soixantième partie d'une minute, et par conséquent, une heure en contient 3600, et un jour 86400.

L'on entend par *vibration*, le mouvement qu'un pendule fait en allant d'un côté à l'autre ; de sorte que l'aller et le retour font deux vibrations.

Un pendule construit de la même manière , et dont la longueur jusqu'au centre de la boule est de 9 pouces 2 lignes 1/8, fait chaque vibration en une demi-seconde , et 120 vibrations en une minute.

ARTICLE VI.

Du Pendule appliqué à l'Horloge.

Si quelqu'un eût avancé, au commencement du 16e siècle , que l'on découvrirait une mesure du tems si exacte qu'elle ne varierait pas d'une seconde en vingt-quatre heures , sa bonne foi eût été vraisemblablement fort suspecte. C'est pourtant ce que nous fournit aujourd'hui l'application du pendule à l'horloge.

Cette exactitude si surprenante des horloges à secondes , dont le pendule décrit des arcs qui n'excèdent pas trois degrés, vient de deux causes; 1° du peu de mouvement que perd le régulateur par la résistance de l'air et celle de sa suspension ; d'où il suit que, pouvant osciller pendant plus d'un jour , sans aucun secours étranger , l'action de la force motrice qui, par le moyen du rouage et de l'échappement , l'entretient en mou-

vement, peut être, et devient en effet extrêmement petite, et les variations qui naissent des
frottemens et de l'usure presqu'insensibles ; au
lieu que, dans les horloges anciennes, le mouvement communiqué au modérateur ou balancier, par le moteur, étant continuellement détruit, ce moteur, avec tous les frottemens et
autres causes de variations qui en dépendent,
devenait dans un rapport extrêmement grand, eu
égard au modérateur, d'où résultaient les plus
grandes variations dans la marche de l'horloge.

La seconde cause qui rend les horloges à pendule si exactes, vient de l'*isochronisme*, ou égalité en tems des vibrations du pendule libre.

Par exemple, le calcul fait voir qu'un pendule
libre, qui parcourt 3 degrés 1/2 dans ses vibrations, ne retarde que de 2 secondes environ en
24 heures, sur un autre de même longueur qui
décrit des arcs de 2 degrés 1/2. Or il faut, dans
la plupart des horloges, que la force motrice diminue de plus de moitié, pour que, du premier
arc le pendule soit réduit à décrire le second.
Ainsi, par une diminution de moitié dans la force
motrice, l'horloge à pendule, dont le régulateur
serait successivement dans le cas ci-dessus, ne
varierait que de 2 secondes en 24 heures (*) ; au

(*) La durée d'une oscillation augmente par

lieu que, par le calcul et les expériences que j'en ai faites, la même diminution dans la force motrice produirait environ quatre heures de retard dans une horloge à balancier, telles qu'étaient les anciennes.

Galilée avait déjà fait beaucoup d'observations sur le pendule, et en avait donné la théorie : Riccioli, Langrenne, Wendelin, le P. Mersenne et plusieurs autres, en avaient fait usage avant son application à l'horloge ; mais c'était en comptant les vibrations qu'il faisait dans l'espace de tems qu'ils voulaient connaître. Les philosophes passaient souvent des jours et des nuits dans cette ennuyeuse occupation (*). Une telle constance prouve à quel point une exacte mesure du tems est nécessaire dans la Physique et dans l'Astronomie.

---

l'étendue des arcs, de sa huitième partie multipliée par le sinus-verse, où la hauteur de l'arc. (*Euleri Mecanica*, t. ii, art. 161.)

(*) *Christiani Hugenii opera varia, vol. prim.* pag. 6.

ARTICLE VII.

De l'invention du Ressort spiral, ou Ressort réglant.

Dans les arts et dans les sciences, une découverte en amène presque toujours une autre. La régularité que le pendule procurait aux horloges fixes, fit desirer une plus grande perfection dans les montres, dont les horloges rendirent les irrégularités plus sensibles.

Le docteur Hook, en Angleterre, et Huygens, en France, y travaillèrent chacun de leur côté, On peut voir dans Derham, comment l'Anglais parvint à ce but. Pour faire connaître de quelle manière la chose arriva à Paris, je rapporterai ce qu'en dit M. de La Hire (*Mém. de l'Acad.*, année 1727), sous les yeux de qui l'affaire s'est passée.

« Cette invention fut, dit-il, proposée seulement de vive voix, il y a environ 40 ans, par l'abbé Hautefeuille, d'Orléans, très-fécond en inventions mécaniques. Aussitôt M. Huygens, qui était alors à Paris, et qui semblait avoir quelques droits sur les horloges rectifiées, fit, à ce qu'il disait, des expériences avec les pincettes à ressort, dont on se sert pour le feu ; et ayant remarqué que les vibrations, ou mouvement des branches, étaient assez égales, il fit construire une montre avec un ressort en spirale appliqué à son balancier, sur le principe du mouvement égal des vibrations d'un ressort, et il la présenta à M. Colbert. On trouva l'invention fort belle et fort utile ; car on voyait que le mouvement du balancier était fort égal. M. Huygens sollicita un privilége pour ces sortes de montres. L'abbé, qui savait ce qui se passait, fit tant qu'il en empêcha l'entérinement. M. Huygens n'en parla plus ; et l'on a toujours continué à faire des montres à ressort spiral. »

La supériorité de ces sortes de montres sur les anciennes, qui n'ont qu'un balancier simple très-petit, vient des mêmes causes que nous avons vu procurer tant de justesse aux horloges. Les montres à ressort spiral n'approchent cependant pas de la régularité de celles-ci, parce que les causes dont nous parlons y sont beaucoup moins puissantes. Selon les expériences que j'en ai faites, les vibrations libres d'un balancier, joint au ressort spiral, ne sont point exactement isochrones. Si ce balancier achève, par exemple, sur un arc de 60 degrés, 116 vibrations en une minute, il n'en achèvera que 115 dans le même tems sur un arc de 120 degrés (*).

____

(*) Nous ne pouvons admettre en principe une semblable expérience ; elle prouve seulement que la force ascendante du spiral n'était pas rigou-

D'un autre côté, le balancier libre, aidé du ressort spiral, au lieu de conserver pendant long-tems le mouvement qui lui est imprimé, après qu'on l'a écarté du point de repos, d'un arc de 90 degrés, par exemple, ne le garde pas au-delà d'une minute dans la situation verticale, et une minute et demie dans l'horizontale.

ARTICLE VIII.

De la Répétition.

Fontenelle a dit, en parlant des arts : « *Il est étonnant combien de choses sont sous nos yeux, sans que nous les voyions ; il manque*

reusement en progression arithmétique. « L'on démontre que si l'on a un balancier simple, sans spiral, auquel on veuille alternativement faire décrire de grands et de petits arcs dans le même tems, il faudra que la force ou puissance qui doit lui donner le mouvement, change comme le carré des arcs.

» Donc si cette puissance est un ressort spiral, il faudra que la progression de la force soit telle, que dans tous les arcs correspondans, les produits de cette force augmentent dans la même proportion que celle du balancier, et dans ce cas, les oscillations seront isochrones. » (*Traité des Horl. mar.*, p. 49.)

des spectateurs à des instrumens et à des pra-tiques très-utiles et très-ingénieusement ima-ginées. Rien ne serait plus merveilleux pour qui saurait en être étonné. » Si quelque invention doit nous rappeler ce passage, c'est celle de la répétition, dont je vais essayer de donner une légère idée.

Son effet principal dépend d'une pièce plate, qui tourne sur un centre en douze heures, et qu'on nomme *limaçon*, parce qu'elle est courbée comme la coquille de cet insecte, à l'exception qu'il y a ordinairement 12 degrés ou arcs de cercle concentriques, de 30 degrés chacun, formés autour de cette courbe, et tracés du centre sur lequel elle tourne.

Pour montrer l'usage de ces degrés, je ferai observer, comme on l'a sans doute remarqué, qu'en poussant le pendant d'une montre à répétition, ou tirant le cordon des pendules appelées *tirages*, le pouce ou la main font beaucoup plus de chemin, quand il est midi ou minuit, que quand il est une heure. La raison en est que, dans l'un et l'autre cas, ils font avancer vers le centre du limaçon une pièce nommée *crémaillère*, dont la fonction est de remonter le ressort de la sonnerie, au moyen d'une chaîne et d'une poulie, ou d'un engrenage, et cela d'autant plus que le limaçon que cette crémaillère va rencontrer, lui présente un degré ou arc de cercle plus près de son centre, et qu'il y a un grand plus nombre de coups à sonner.

Une heure, par exemple, est le degré le plus éloigné du centre, ou le premier degré ; deux heures le second, ainsi de suite : celui pour lequel la main parcourt le plus grand espace, et qui est le plus voisin du centre, est celui que la crémaillère va rencontrer lorsque la montre ou la pendule marque midi.

Or, lorsque vous poussez le pendant d'une répétition, vous remontez par ce moyen le ressort de la sonnerie, en faisant tourner l'arbre sur lequel il est enveloppé, et auquel il est fixé par son extrémité intérieure : cet arbre porte centralement une portion de rochet de douze dents, que par conséquent vous faites tourner aussi. Mais dès que vous lâchez le poussoir ou le cordon, le ressort se débande, la portion de rochet tourne, les dents, rencontrant le marteau par sa levée ou palette, le lèvent et il frappe, par l'action de son ressort, autant de coups qu'il y a d'heures marquées sur le cadran, c'est-à-dire, un nombre correspondant au degré du limaçon rencontré par la crémaillère, et égal à celui des dents de la portion de rochet que par votre action vous avez fait passer au-delà de la levée du marteau ; car il faut bien remarquer que quand la répétition a sonné, toutes les dents du rochet

se

se trouvent au-delà de la palette du marteau, et que quand on tire le cordon, on en fait passer en deçà un nombre correspondant au degré du limaçon que la crémaillière va rencontrer.

La même chose a lieu pour les quarts. Il y a de même une pièce, nommée *pièce des quarts*, qui tient lieu du rochet, et a trois dents pour chaque marteau, et un limaçon qui fait une révolution dans une heure, et n'a que trois degrés, parce que l'heure est divisée en quatre quarts, et qu'à l'heure révolue, les quarts ne sonnent point.

A l'égard du *tout ou rien*, son effet est d'empêcher la levée ou palette du marteau de se présenter à l'action du rochet, lorsqu'on n'a pas assez enfoncé le poussoir de la montre, ou tiré le cordon de la pendule pour que le limaçon ait été pressé par la crémaillière, etc.

Ce que nous venons de dire étant bien entendu, on voit que si, dans une montre à répétition, l'on pousse le bouton, dont le bout intérieur appuie sur la partie *c* de la crémaillière, elle parcourra un certain espace ; et par le moyen de la chaîne *ss*, il fera tourner les poulies A, B : ainsi le rochet R, *fig.* 1, rétrogradera jusqu'à ce que le bras *b* de la crémaillière CC appuie sur le limaçon L ; pour lors, ayant cessé de pousser le bouton, le ressort moteur de la répétition ramenant le rochet et les pièces qu'il porte, le bras *m* se présentera aux dents de ce rochet, et le marteau M frappera les heures,

F

dont la quantité dépend du pas du limaçon L qui se présente au bras *b*.

Le limaçon L est fixé à l'étoile E par le moyen de deux vis : ils tournent l'un et l'autre sur la tige d'une vis portée par la pièce qui s'appelle le *tout ou rien*. Comme il ne passe une dent de l'étoile qu'à chaque heure révolue, il s'ensuit qu'à quelque partie de l'heure que l'on fasse répéter la machine, le limaçon L présente toujours la même portion de cercle au bras *b*, etc.

Les personnes qui souhaiteront s'instruire pleinement de tous ces effets, pourront se satisfaire avec facilité, en faisant enlever le cadran d'une montre à répétition par leur horloger.

Les pendules à répétition furent inventées à Londres, par Barlow, vers la fin du règne de Charles 11, en 1676. Sur la seule idée que les horlogers s'en formèrent, la plupart se mirent à faire la même chose par des voies différentes; d'où est venue cette grande variété dans les ouvrages à répétition de ce tems-là.

Vers la fin du règne de Jacques 11, Barlow appliqua son invention aux montres, et le célèbre Tompion lui exécuta la première de cette espèce. Il y avait un petit bouton ou poussoir à chaque côté de la boîte; par l'un, on faisait répéter l'heure, et par l'autre les quarts. Barlow tâcha d'obtenir un privilége pour ces sortes d'ouvrages; mais M. Quare, habile horloger, s'y opposa, ayant eu la même pensée quelques années auparavant, et ayant fini sa pièce à peu près dans le même tems. L'effet s'y opérait par une seule cheville située à côté du pendant. Les deux montres furent apportées devant le roi et son conseil. S. M. B., après en avoir fait l'épreuve, donna la préférence à celle de M. Quare.

Une chose assez remarquable, c'est que des hommes célèbres, tels que *Huyghens* et *Hook*, aient sollicité des priviléges (p. 93) ; nous ne connaissons aucun artiste français qui en ait demandé pour ses découvertes : la raison en est simple, cette nation est plus conduite et animée par le desir de la gloire que par l'amour des richesses.

Dès les premiers tems où les montres à répétition furent connues, les artistes horlogers s'empressèrent d'imiter ces machines ; d'autres, plus habiles, en construisirent eux-mêmes, ou firent des changemens ; de là vient le grand nombre de dispositions différentes que l'on a vu exécutées ; mais dans toutes ces diverses combinaisons, le même principe en fait toujours la base. Ce sont toujours des limaçons et des râteaux qui déterminent le nombre d'heures et de quarts à frapper. On en fit qui répétaient l'heure, le quart et le demi-quart, d'autres les minutes. Vers le même tems, on fit aussi des pendules et des montres qui sonnaient les heures et les quarts à chaque quart, et qui les répétaient à volonté, par l'action continue d'un même rouage, et d'un seul grand ressort moteur de sonnerie, qui suffisait à remplir ces diverses fonctions.

Nous renvoyons, pour plus de détails sur ces machines ingénieuses, au Traité d'Horlogerie de Thiout, à celui de Lepaute, et à l'Essai sur l'Horlogerie, de Ferdinand Berthoud.

Cette découverte n'est pas la seule dont l'horlogerie soit redevable aux Anglais ; elle leur doit encore la machine à fendre les roues, inventée par le docteur Hook (*) ; celle à tailler les fusées ; les pignons tirés à la filière ; la machine à arrondir les dents des roues ; les échappemens à ancre et à patte de taupe, invention du docteur Hook, qui rendent les horloges beaucoup plus parfaites, en permettant au régulateur de décrire de plus petits arcs de vibrations ; enfin l'échappement à repos à cylindre appliqué aux montres, et une infinité d'autres découvertes, ont aussi pris naissance à Londres.

Tant d'heureuses inventions, par lesquelles les ouvrages d'Angleterre avaient mérité la prééminence sur les nôtres, peuvent nous faire juger

---

(*) Il n'est pas probable que cette invention soit aussi moderne. Le P. Alexandre rapporte qu'au commencement du 17e siècle, on faisait des montres si petites que les dames les portaient en pendans d'oreilles. Or il était impossible de faire d'aussi petites roues qu'elles devaient être pour être logées dans un pendant d'oreilles, sans le secours d'une sorte de machine à fendre, ou de diviseur.

des travaux et des découvertes qui nous l'ont enfin procurée. Les personnes instruites et les gens de l'art, savent assez à qui nous sommes principalement redevables d'une si heureuse révolution (*). Il en est peu qui n'aient applaudi au mot obligeant que Voltaire adressa à l'un de mes frères (**), après la fameuse journée de Fontenoy : *Le maréchal de Saxe et votre père ont battu les Anglais.*

Je terminerai cet article par une réflexion sur le progrès des arts. Quelques personnes considérant le point où ils sont parvenus, ne peuvent croire que le monde soit aussi nouveau que l'annoncent les Livres saints. Je crois que l'histoire de l'horlogerie mécanique, le plus compliqué et le plus difficile de tous les arts, suffirait seule pour détruire leur opinion ; car enfin il paraît que son origine date du commencement du 14e siècle, d'où il suit que les hommes ont inventé cet art, tous les instrumens et toutes les pratiques qu'il exige, et l'ont porté au point de perfection où il est arrivé, dans l'espace de moins de cinq siècles.

(*) C'est à Julien le Roy.

(**) C'est son fils qui parle.

ARTICLE IX.

Des Pendules et des Montres à Équation.

LES pendules et les montres ne peuvent diviser et marquer naturellement que le tems égal,
uniforme, appelé *tems moyen*, tandis que le
soleil, qui est notre règle et l'astre le plus facile à observer, ne mesure, par ses révolutions
journalières, qu'un tems inégal, mais dont l'inégalité se répète tous les ans, aux mêmes époques,
sensiblement de la même manière. (page 214 et
suivantes.)

On a donc cherché à inventer un mécanisme
qui, appliqué à l'horloge, imitât et suivît les
variations reconnues dans le mouvement du soleil. C'est à cette espèce d'horloge que l'on a
donné le nom d'*horloge à équation*, ou de
montre à équation. Ces machines sont disposées de manière que l'aiguille ordinaire des
minutes marque le tems égal ou *naturel* de
l'horloge, pendant qu'une seconde aiguille des
minutes indique le tems *vrai* ou *apparent*
du soleil. Ainsi une telle machine indique à
chaque instant la différence du tems vrai au
tems moyen, marquée par les *Tables d'équation* que les astronomes ont dressées de ces différences. (page 225.)

Si l'horloge est tellement réglée, que la première aiguille suive le tems moyen, celle du tems vrai, d'après le mécanisme ajouté, devra chaque jour être d'accord avec le midi du soleil, tandis que l'aiguille du tems moyen pourra, dans certains tems de l'année, être de 15′ en avance sur celle du tems vrai, et, en d'autres tems, de 16′ en retard sur cette même aiguille, conformément aux quantités données par la table de l'équation du tems.

La plus ancienne horloge à équation, qui soit parvenue à notre connaissance, est celle qui était placée dans le cabinet du roi d'Espagne, Charles II, et dont il est parlé à la suite de la *Règle artificielle du Tems*, de Sully. (Édit. de 1717.)

Dès la fin du dix-septième siècle, et au commencement du dix-huitième, les artistes cherchèrent à faire marquer aux horloges les variations du soleil. On trouve dans les divers Traités d'Horlogerie publiés depuis celui du P. Alexandre, dans l'Encyclopédie, etc., plusieurs constructions du mécanisme de l'équation, et entr'autres de MM. Enderlin, l'Admiraud, Passemant, Rivaz, Berthoud, etc.

Si l'on conçoit qu'au centre du grand cadran, *fig.* 6, d'une montre ou d'une pendule ordinaire, on ajoute un cercle ou cadran divisé en 60 parties, et gradué comme le cercle des minutes du grand cadran, et que ce cercle concentrique soit mobile, tandis que le grand cadran reste fixe, et qu'enfin on attache sur l'aiguille des minutes une autre aiguille diamétralement opposée, et de longueur propre à répondre aux divisions du cercle mobile, on voit que, selon que l'on fera tourner en avant ou en arrière le cadran mobile, la petite aiguille, dont le mouvement est uniforme, pourra cependant indiquer le tems vrai, et cela par un moyen très-simple, puisqu'il suffira de régler le chemin du cadran mobile selon les quantités indiquées par les tables de l'équation du tems.

Tel est le principe d'une pendule et d'une montre à équation, inséré dans l'Essai sur l'Horlogerie (tome 1, page 72). Nous allons donner la description de la montre seulement, le mécanisme étant le même dans la pendule.

La figure 6 représente le cadran de cette montre; l'aiguille des secondes passe, comme dans les pendules, au-dessus des autres aiguilles. L'aiguille des minutes est formée de deux parties fixées ensemble et diamétralement opposées, dont la plus grande, qui est d'acier bleui, marque les minutes du tems moyen sur le grand cadran; et l'autre, en cuivre doré, représentant un soleil, marque les minutes du tems vrai sur le cadran A mobile au centre du premier. L'ouverture C, faite dans le grand cadran, sert à laisser paraître les mois de l'année et leurs quantièmes. L'usage de ces quantièmes est principalement destiné à les remettre au jour actuel , lorsqu'on a oublié de remonter la montre , afin que l'équation réponde exactement à celle du jour où l'on est. Pour cet effet, les dents d'une étoile sont saillantes en dehors dé la fausse plaque , ce qui donne la facilité de la faire tourner, et, par son moyen, la roue annuelle.

La figure 7′ représente l'intérieur de la fausse plaque qui porte les cadrans : c'est dans cette plaque que sont ajustées les pièces qui forment l'équation. A est la roue annuelle, qui a 146 dents fendues à rochet, mise immédiatement sous la platine de la bâte qui porte les cadrans ; elle tourne sur un canon réservé au fond de la bâte : l'*ellipse* ou courbe B est attachée sur la roue annuelle ; la courbe fait mouvoir le râteau HF qui engrène dans le pignon C ; celui-ci est porté par un canon qui passe dans l'intérieur du canon de la bâte ; sur le canon du pignon est ajusté, en dehors de la bâte, le cadran du tems vrai, *fig.* 6; ainsi on voit qu'en faisant mouvoir la roue annuelle, le cadran doit nécessairement tourner, tantôt en avant, et tantôt en rétrogradant, suivant qu'il y est obligé par les différens diamètres de la courbe, ce qui produit naturellement les variations du soleil. Voici le moyen dont on se sert pour faire mouvoir la roue annuelle.

Le garde-chaîne de la montre est fixé sur une tige dont les pivots se meuvent dans les deux platines de la cage, et qui peut y décrire un petit arc de cercle ; un de ces pivots prolongé porte un carré sur lequel est ajusté, dans la quadrature, un levier dont le bout porte un *pied-de-biche.* ·

Lorsqu'on remonte la montre, le garde-chaîne étant pressé par le crochet de la fusée, celui-ci lui donne un petit mouvement circulaire qu'il communique au pied-de-biche, pour faire avancer l'étoile d'une dent.

L'étoile est de cinq dents ; elle est assujétie par un valet ou sautoir : l'axe de cette étoile porte deux palettes qui servent à faire mouvoir la roue annuelle, qui fait sa révolution en 365 jours.

Sur la fausse plaque ou bâte, *fig.* 7, est attaché un ressort KL, qui sert de sautoir pour maintenir la roue annuelle, que l'on peut faire mouvoir d'un mouvement continu en supprimant le garde-chaîne mobile ; et mettant en place un pignon sur un canon prolongé de la roue de fusée, ce pignon engrènera dans une roue dentée substituée à l'étoile : cette roue portera un pignon de quatre ailes qui fera tourner la roue annuelle.

Le ressort G, *fig.* 7, sert à presser continuellement le râteau H contre la courbe. Pour cet effet, le bout F de ce râteau porte une cheville qui appuie sur le bord de la courbe, etc. Ainsi le râteau avance ou rétrograde, selon que l'ellipse l'y oblige, et celui-ci fait avancer ou rétrograder le pignon C et le cadran A , *fig*. 6. Or comme l'aiguille S du tems vrai se meut d'un mouvement uniforme, les variations du cadran exprimeront celles du soleil, etc.

L'équation que nous venons de décrire est la meilleure et la plus simple que l'on ait imaginée jusqu'à ce jour : aussi Ferdinand · Berthoud (Essai, chap. 13 et 14) s'est-il fort attaché à la disposer de la manière la plus avantageuse pour les pendules et les montres , et d'autant plus qu'elle est applicable à toutes sortes de pièces.

De l'utilité des Montres à équation (*).

« Les montres à équation ont une propriété essentielle ; c'est que comme elles suivent le mouvement du soleil , elles peuvent être réglées facilement ; car dans les montres ordinaires à tems moyen , pour les régler au soleil , il faut avoir égard aux variations de cet astre , et faire abstraction de ses écarts, ce qui exige des opérations que peu de personnes prennent la peine de faire , au lieu que dans les montres à équation , il suffit de mettre l'aiguille qui marque le tems vrai avec le soleil ; si la montre est réglée , cette aiguille doit toujours se rencontrer avec le méridien ; si cela n'est pas , c'est une preuve que la montre

______

(*) F. Berthoud, Essai, tome I, page 111.

a varié de toute la quantité dont l'aiguille du tems vrai diffère du midi au soleil. Or dans cette supposition, toute l'opération qu'on aura à faire se bornera à remettre l'aiguille du tems vrai avec le midi au soleil, et à toucher à l'aiguille d'avance et retard, à proportion de l'écart de la montre : ainsi on est dispensé de recourir aux Tables d'équation pour savoir si le soleil a varié, de combien et en quel sens, comme cela est nécessaire pour les montres ordinaires. Il faut convenir que ces sortes de machines ne sont pas à l'abri des écarts inévitables des montres ; mais par leur construction, elles marquent toujours exactement la différence du tems vrai au tems moyen ; et l'on aura toujours très-approchant l'heure du soleil, pourvu qu'on les remette avec le méridien tous les huit à dix jours. Une montre à équation ne s'écarte du soleil qu'à cause des écarts inévitables de cette machine, au lieu que la montre ordinaire s'écarte du soleil, et parce que cet astre varie, et par les écarts de la montre, ce qui double les différences ; on peut encore ajouter en faveur de ces sortes de montres, que comme elles sont d'un grand prix, elles sont composées et exécutées avec plus de soin que des montres ordinaires. »

ARTICLE X.

Rapport sur une Horloge planétaire composée en 1789, par A. Janvier (*).

INSTITUT DE FRANCE.

Classe des Sciences Physiques et Mathématiques.

LE Secrétaire perpétuel pour les Sciences mathématiques, certifie que ce qui suit est extrait des registres de l'Académie des Sciences, séance du 14 février 1789.

Nous avons examiné, par ordre de l'Académie, une Pendule planétaire exécutée par M. Janvier, Horloger-Mécanicien de MONSIEUR, aux Menus-Plaisirs du Roi.

Cette machine présente quatre faces, qui portent quatre cadrans : le premier présente le tems vrai et le tems moyen, avec un quantième, par cinq aiguilles concentriques, réglées par un pendule composé et un échappement à vibrations libres, tel qu'on l'emploie dans les horloges marines.

Le moteur est un ressort qui fait 10 1/2 tours, et dont un quart de tour seulement se développe ;

____

(*) Cette machine est placée dans le grand cabinet du Roi.

C

il est remonté tous les quarts-d'heure par un grand ressort, dont les inégalités ne peuvent influer sur le mouvement. Un remontoir de cette espèce a autant d'uniformité qu'un poids même pourrait en avoir, et l'on n'a pas l'inconvénient des cordons. Le barillet est fait de manière que le ressort ne puisse jamais se développer au-delà d'un quart de tour, que le remontoir ne puisse le reployer que de cette quantité, et que les chevilles d'arrêt venant même à casser, il n'en puisse résulter aucun dérangement pour la mesure du tems. Cette méthode sera utile pour de petites horloges astronomiques propres à transporter en voyage, et même pour de grandes horloges qui ont beaucoup de fonctions à remplir, etc.

Le second cadran présente un planisphère terrestre, où l'on voit à chaque instant l'heure qu'il est dans les principaux lieux de la terre. Douze petits cadrans qui environnent la terre, ont chacun une aiguille; les douze aiguilles sont toujours parallèles, ensorte que l'on voit l'heure qu'il est à chaque pays auquel répond le cadran que l'on examine, et le progrès des heures en suivant les longitudes. Cette méthode est la plus commode qu'on pût imaginer pour les amateurs de géographie.

Le troisième cadran est destiné pour la lune et pour les éclipses. La construction en est aussi savante qu'ingénieuse. Le soleil, la lune et la ligne des nœuds tournent ensemble tous les jours ; mais chaque jour la lune s'éloigne du soleil, et le soleil du nœud de la lune, de la quantité exacte qui doit produire les phases et les éclipses. M. Janvier a combiné ces mouvemens avec tant de sagacité, qu'il a reconnu et corrigé l'erreur des astronomes qui donnaient 48′ 45″,7 pour le retardement diurne de la lune. Il l'a fait, avec raison, de 50′ 28″,33, parce que ce n'est pas à midi que le retardement de la lune doit se compter, c'est à l'heure de son passage ; et tel est aussi le retardement du flux et du reflux de la mer, que M. Janvier représente pour les principaux ports de la terre, dans une autre machine qu'il exécute pour le roi. Il est singulier que dans les tables des marées et dans les livres faits sur cette matière, on n'ait pas aperçu que le retardement de la lune en vingt-quatre heures n'est pas le retardement des marées, parce que la lune ne passe que 28 fois en 29 jours, et qu'au bout de 28 passages il faut qu'il y ait 28 jours 33′ 13″ d'écoulées pour que les 26′ 47″ qui manquent, et que la lune fait en 13 heures 11′, produisent 29 jours 12 heures 44′, qui font la révolution synodique de la lune. Cette considération n'a point échappé à M. Janvier, et nous devons cette justice à l'intelligence dont il a donné des preuves dans toutes les parties de sa machine. Il a reconnu , par exemple , qu'une roue de 235 dents, et un pignon de 19, suffisaient pour donner , jusqu'à la précision des secondes , la différence de 10 jours 21 heures 0′ 12″ qu'il y a entre l'année solaire et l'année lunaire de 12 mois synodiques , suivant les derniers calculs de la plus parfaite astronomie.

La latitude de la lune y est représentée par un cercle excentrique qui la fait passer au-dessus et au-dessous du soleil, et qui désigne les éclipses du moins pour les conjonctions moyennes. Mais M. Janvier se propose d'en faire une où il représentera les inégalités de la lune , le changement d'excentricité et le mouvement de l'apogée (*). Les phases de la lune se voient également sur le petit globe qui la représente.

Le quatrième cadran contient les jours de la semaine : l'aiguille ne fait qu'un demi-tour et revient sur elle-même tous les huit jours , pour laisser voir toujours droites de très-jolies figures en émail qui représentent les jours ou les planètes. Les trois ressorts sont remontés par un seul carré caché au centre de ce cadran : ces petites attentions sont

----

(*) Elle a été exposée au Louvre en 1801, et l'on en voit les détails de construction dans l'Histoire de la Mesure du Temps, t. 2, p. 207-241.

produites par des mécanismes qui ont encore leur mérite.

La sphère mouvante est placée au-dessus du grand carré de l'horloge ; elle est renfermée dans un globe de verre : on y voit toutes les planètes, même celle d'Herschel, qui se trouve pour la première fois dans une machine de ce genre, etc.

Enfin cette machine, la plus complète que nous connaissions, est encore remarquable par la beauté des émaux, etc., qui l'accompagnent ; mais c'est par la composition, les calculs et le mécanisme, que nous la croyons digne de l'approbation et des éloges de l'Académie.

Fait à Paris, dans l'assemblée de l'Académie royale des Sciences, le 14 février 1789.

Signé LEGENTIL, LE ROI, CASSINI.

DE LALANDE, *Rapporteur.*

Certifié conforme à l'original, à Paris, le 17 juillet 1807.

Le Secrétaire perpétuel, *signé* DELAMBRE.

ARTICLE XI.

Réflexions sur la Recherche du Mouvement perpétuel.

« LE mouvement perpétuel est une chimère assez ancienne et assez célèbre dans la mécanique ; mais on a fait beaucoup de découvertes réelles en courant après cette chimère. On peut voir à ce sujet *les Récréations Mathématiques*, édition de Montucla.

» Nous voyons des personnes qui ne connaissent pas les premiers élémens des Mathématiques, se vanter d'avoir trouvé la quadrature du cercle, la trissection de l'angle, etc. ; de même dans l'horlogerie ce sont, pour l'ordinaire, des jeunes-gens ou des personnes qui n'ont aucune connaissance des lois du mouvement et de la mécanique qui cherchent le mouvement perpétuel mécanique ; c'est aussi plutôt une insulte qu'un éloge de dire de quelqu'un qu'*il cherche le mouvement perpétuel*. L'inutilité des efforts que l'on a faits jusqu'ici pour le trouver, donne une idée peu favorable de ceux qui s'en occupent. J'ai cru que quelques remarques sur la vanité de leurs prétentions pourraient leur être utiles et seraient favorablement reçues.

» On entend par mouvement perpétuel un mouvement qui se conserve et se renouvelle continuellement de lui-même sans le secours d'aucune cause extérieure ou une communication non-interrompue du même degré de mouvement qui passe d'une partie de matière à l'autre, soit dans un cercle, soit dans une autre courbe rentrante en elle-même, de sorte que le même mouvement revienne au premier moteur sans avoir été altéré. (*Encyclopédie*, au mot *Perpétuel*.)

» Parmi toutes les propriétés de la matière et du mouvement nous n'en connaissons aucune qui puisse être le principe d'un tel effet.

» On convient que l'action et la réaction doivent être égales, et qu'un corps qui donne du mouvement à un autre, doit perdre ce qu'il en communique. Or, dans l'état présent des choses, la résistance de l'air, les frottemens, doivent retarder sans cesse le mouvement.

» Ainsi, pour qu'un mouvement quelconque pût subsister toujours, il faudrait ou qu'il fût continuellement entretenu par une cause extérieure, et ce ne serait plus alors ce qu'on entend par le mouvement perpétuel, ou que toute résistance fût anéantie ; ce qui est physiquement impossible. Par une autre loi de la nature, les changemens qui arrivent dans le mouvement des corps sont toujours proportionnels à la force motrice qui leur est imprimée, et sont dans la même direction que cette force ; ainsi une machine ne peut recevoir un plus grand mouvement que celui qui réside dans la force motrice qui lui a été imprimée. Or, sur la terre que nous habitons, tous les mouvemens se font dans un fluide résistant, et par conséquent ils doivent nécessairement être retardés ; donc le milieu doit absorber une partie considérable du mouvement.

» Le frottement doit diminuer peu à peu la force communiquée à la machine, de sorte que le mouvement perpétuel ne saurait avoir lieu, à moins que la force communiquée ne soit beaucoup plus grande que la force génératrice et qu'elle ne compense la diminution que toutes les autres y produisent ; mais comme rien ne donne ce qu'il n'a pas, la force génératrice ne peut donner à la machine un degré de mouvement plus grand que celui qu'elle a elle-même. Ainsi toute la question du mouvement perpétuel, en ce cas, se réduit à trouver un poids plus pesant que lui-même ou une force élastique plus grande qu'elle-même : proposition qui est absurde. »

« Ce qui trompe les personnes peu versées dans la mécanique, c'est que, par le moyen du levier, une force quelconque en peut toujours surmonter une supérieure ; mais elles ne font pas attention que dans ce cas même la dépense du côté de la moindre force est supérieure à l'effet qu'elle produit ; que si, par exemple, un poids d'une livre en élève un de deux livres à un pouce, il descend nécessairement de plus de deux pouces.

» Une puissance de dix livres étant donc mue, ou tendant à se mouvoir avec dix fois plus de vîtesse qu'une puissance de 100 livres, peut faire équilibre à cette dernière puissance; et on en peut dire autant de tous les produits égaux à 100 livres : enfin, le produit de part et d'autre doit toujours être de 100, de quelque manière qu'on s'y prenne. Si on diminue la masse, il faut augmenter la vîtesse en même raison.

» Cette loi inviolable de la nature ne laisse autre chose à faire à l'art que de choisir entre les différentes combinaisons qui peuvent produire le même effet.

» Ceux qui cherchent le mouvement perpétuel excluent des forces qui doivent le produire, non-seulement l'air et l'eau, mais encore tous les autres agens naturels qu'on y pourrait employer. Ainsi ils ne regardent pas comme mouvement perpétuel celui qui serait produit par les vicissitudes de l'atmosphère (*), ou par celles du chaud et du

---

(*) L'abbé Hautefeuille en proposa un de ce genre en 1678. Lepaute, et plus anciennement Leplat, ont construit des mouvemens perpétuels par le secours de l'air. *Voyez* le Traité d'Horlogerie de Lepaute, 2e partie, chap. VIII, et le

froid : ils se bornent à deux agens, la force d'inertie et la pesanteur, et ils réduisent la question à
savoir si l'on peut prolonger la vîtesse du mouvement, ou par le premier de ces moyens, c'est-
à-dire en transmettant le mouvement par les chocs
d'un corps à un autre ; ou par le second, en faisant remonter des corps par la descente d'autres
corps qui ensuite remonteront eux-mêmes pendant que les autres descendront. Dans ce second
cas il est démontré que la somme des corps,
multipliés chacun par la hauteur d'où il peut
descendre, est égale à la somme de ces mêmes
corps multipliés chacun par la hauteur où il pourra
monter. Il faudrait donc, pour parvenir au mouvement perpétuel par ce moyen, que les corps
qui tombent et s'élèvent conservassent absolument
tout le mouvement que la pesanteur peut leur
donner, et n'en perdissent rien par le frottement
ou par la résistance de l'air ; ce qui est impossible.

Recueil des Machines de l'Académie, tom. VII,
pag. 401.

On lit dans le *Journal Encyclopédique*, août
1775, 2e vol., la description d'une pendule de
Kratzenstein, de l'Académie des Sciences de Pétersbourg, qui se remonte elle-même par l'alter-
native du froid et du chaud.

» Si l'on veut employer la force d'inertie, on remarquera que le mouvement se perd dans le choc des corps durs ; et que, si les corps sont élastiques, la force vive à la vérité se conserve ; mais, outre qu'il n'y a pas de corps parfaitement élastiques, il faut encore faire abstraction ici des frottemens et de la résistance de l'air ; d'où l'on conclut qu'on ne peut espérer de trouver le mouvement perpétuel par la force d'inertie non plus que par la pesanteur, et qu'ainsi ce mouvement est impossible.

» On démontre également combien ceux-là se trompent, qui croient pouvoir procurer un mouvement perpétuel purement mécanique à la même roue en employant plusieurs principes de forces centrales, tels que la pesanteur, l'attraction de l'aimant et celle des corps électriques ; car chacune de ces forces agissant également à des distances égales de son centre et ne pouvant donner au système de la roue qu'une force résultante dirigée par son appui, ce système doit nécessairement demeurer immobile. (*Camus, tom.* IV, *pag.* 253.)

» L'Académie des Sciences prit, en 1775, la résolution de ne plus examiner aucune machine annoncée comme un mouvement perpétuel, et cette savante Compagnie crut devoir rendre compte des motifs qui l'avaient déterminée, dans son Histoire de la même année, page 65.

» La construction d'un mouvement perpétuel, dit l'historien, est absolument impossible, quand même le frottement, la résistance du milieu ne détruiraient point à la longue l'effet de la force motrice. Cette force ne peut produire qu'un effet égal à sa cause; si donc on veut que l'effet d'une force finie dure toujours, il faut que cet effet soit infiniment petit dans un tems fini. En faisant abstraction du frottement et de la résistance, un corps à qui on a une fois imprimé un mouvement, le conserverait toujours; mais c'est en n'agissant point sur d'autres corps, et le seul mouvement perpétuel possible, dans cette hypothèse, qui d'ailleurs ne peut avoir lieu dans la nature, serait absolument inutile à l'objet que se proposent les constructeurs de mouvemens perpétuels. Ce genre de recherches a l'inconvénient d'être coûteux; il a ruiné plus d'une famille, et souvent des mécaniciens, qui eussent pu rendre de grands services, y ont consumé leur fortune, leur tems et leur génie. Tout attachement opiniâtre à une opinion démontrée fausse, s'il s'y joint une occupation perpétuelle du même objet, une impatience violente de la contradiction, est sans doute une véritable folie.

CINQUIÈME PARTIE.

Usages de la Mesure du Tems dans les Sciences positives ou d'expérience.

ARTICLE PREMIER.

Usages des Montres et Pendules à secondes dans l'Hydraulique.

APRÈS avoir donné les premières notions du mécanisme des machines qui servent à la mesure du tems, pour en faire mieux sentir le prix, je vais exposer leurs principaux usages.

« L'horloge la plus grossière, accompagnée d'un timbre, ne cesse, du haut du béfroy qui la porte, d'adresser la parole à tout un peuple et de réitérer, dans des espaces égaux, les avis qu'on en attend. Elle se fait entendre pendant le jour entier; elle veille et parle, d'un bout de la nuit à l'autre, à chaque particulier dans les intervalles de son sommeil; elle donne le premier signal de la prière, fait ouvrir les portes des villes, convoque les assemblées, annonce tous les travaux à mesure qu'ils se succèdent ; elle est enfin la règle de la société.

» Ces secours que nous recevons de la mesure du tems ne sont ignorés de personne ; mais tout le monde ne connaît pas également ses usages dans les sciences positives ou d'expérience ; c'est ce qui m'a engagé à les rapporter ici. »

Si l'on veut mesurer l'eau que fournit une source, soit qu'on la destine à remplir un bassin ou à tout autre usage, il faut prendre un vase, en mesurer la capacité, observer avec une montre à secondes le tems que la source met à le remplir, et, par une simple règle de proportion, on trouvera la quantité d'eau que cette source doit fournir en un jour, une semaine, etc.

Une semblable opération indique la quantité d'eau qui s'écoule par une rivière dans un tems déterminé. Pour cela on choisit un endroit où la profondeur, la largeur et la pente soient à peu près uniformes ; on y abandonne quelque corps léger ; on mesure ensuite l'espace qu'il a parcouru dans un certain nombre de secondes ou de minutes ; et, par la dimension connue de la rivière, on calcule la quantité d'eau qui s'écoule dans tout autre tems assigné.

On pourrait, par ce moyen, mesurer la quantité d'eau qui coule chaque année par la rivière de Seine. Comparant ensuite les différentes années entre elles, on s'assurerait si le plus ou moins d'eau a des rapports constans avec le plus ou moins d'abondance des récoltes, avec le plus ou de salubrité de l'air, etc.

C'est à peu près par la méthode précédente que les marins estiment la vitesse d'un vaisseau : ils se servent du *lock*, petite pièce de bois à laquelle est attachée une corde ; ils jettent cet instrument en mer, lâchent la corde, et comptent les brasses qui s'en dévident pendant un certain nombre de secondes. Ils disent ensuite : si nous avons fait tant de chemin en une minute, nous devons en avoir fait tant dans une heure, un jour, etc.

ARTICLE II.

Usages dans la Mécanique.

C'EST encore par cette méthode que le mécanicien mesure la quantité d'eau que dépense une machine, le nombre de coups de rames, de piston, de marteau, les tours de manivelle, etc., qu'un homme donne dans tel ou tel tems ; la vitesse d'un cheval dans telle ou telle circonstance ; les coups de pilon ou les tours de meule que donnent en un jour, par exemple, les moulins à foulon, à tan, à cuirs, à papier, etc., que l'on parvient à estimer exactement le produit de telle

ou telle machine, de telle ou telle force motrice, etc.

ARTICLE III.

Usages dans l'Astronomie.

« L'Astronomie est la science du mouvement
des corps célestes et de tout ce qui en dépend ;
tous les astres en sont l'objet ; l'observation et le
calcul sont les moyens qu'elle emploie. D'après
cette définition, il est aisé de voir que, sans la
régularité des horloges à secondes, on ne pourrait
pas fixer d'une manière certaine l'époque d'une
observation astronomique.

» Avant la découverte des horloges à pendule
on ne pouvait déterminer immédiatement la différence d'ascension droite entre une étoile et le
soleil. Les Anciens étaient obligés de comparer le
soleil avec la lune quand ils étaient l'un et l'autre
sur l'horizon, et de comparer ensuite la lune avec
l'étoile après le coucher du soleil. »

Lorsque l'on veut mesurer la distance de deux
astres en ascension droite, on observe les tems où
ils passent au méridien, et on les compare ensemble ; si l'un d'eux a passé une heure après
l'autre, l'éloignement des deux astres est de quinze
degrés ; si la différence des passages n'a été que
d'une minute de tems, la différence en ascension
droite est de quinze minutes de degré, etc.

« Cette détermination suppose que l'horloge est réglée sur le premier mobile, c'est-à-dire, qu'elle compte 24 heures entre deux passages consécutifs d'une étoile au méridien, et que les deux astres sont fixes comme sont deux étoiles. Mais si l'horloge suit le tems solaire moyen, il faudra convertir le tems en degrés, à raison de 360° 59'8″,3 pour 24 heures, ou 15° 2′ 27″,8 pour chaque heure. L'on trouve des tables pour cette conversion dans la *Connaissance des Tems.*

» Les diamètres des planètes se mesurent et s'observent avec des micromètres ; mais on y peut employer le tems ou la durée de leur passage. En effet, si l'on observe le moment où le premier bord du soleil se trouve dans le méridien ou sur un fil perpendiculaire à la direction de son mouvement, et qu'ensuite le second bord y arrive deux minutes plus tard, ces deux minutes de tems indiqueront que le diamètre du soleil est de 30 minutes de degré.

» Les diamètres apparens des planètes servent à trouver leurs véritables diamètres ou leurs grandeurs réelles quand on connaît leurs distances. Dans le triangle TAB, qui est rectangle en B, on a cette proportion : R : sin. ATB :: TA : AB (*Voy*. fig. 2) ; ainsi l'on trouvera le véritable diamètre AB en multipliant la distance TA par le sinus de l'angle ATB qui est le diamètre apparent de la planète. »

Par des méthodes à peu près semblables on détermine la durée des éclipses, la position des taches qui sont sur les planètes, les révolutions de leurs satellites, etc.

Mais une exacte mesure du tems n'est pas le seul avantage que l'Astronomie puisse retirer de l'horlogerie ; on a souvent proposé de faire servir les horloges à conduire une lunette pour suivre aisément les astres dans le ciel, malgré la révolution diurne. Cela serait très-utile pour dessiner la figure des taches de la lune, pour observer les parallaxes, pour avoir toujours un astre au centre même de la lunette, etc.

Il y a un instrument semblable, de Graham, qui est décrit dans l'Optique de Schmit; Passemant en avait exécuté plusieurs : on les appelle *héliostates*. M. Ramsden, célèbre artiste anglais, devait en construire un d'une espèce toute nouvelle, pour éviter l'usage du tems dans les mesures astronomiques.

ARTICLE IV.

Usages dans la Marine.

« Il est de la dernière importance pour le bien du commerce maritime et pour le salut des hommes qui s'y consacrent, de pouvoir trouver en pleine mer le degré de longitude où l'on est. Ce problème se réduit à savoir quelle heure il est sur le vaisseau et quelle heure il est au même instant au lieu du départ (par exemple, à Brest) ; il n'est pas difficile de trouver l'heure qu'il est sur un vaisseau en observant la hauteur du soleil ou d'une étoile ; la difficulté se réduit donc à trouver en tout tems et en tout lieu l'heure qu'il est à Brest.

» Philippe III, qui monta sur le trône d'Espagne en 1598, convaincu de l'importance des longitudes en mer, promit une récompense de cent mille écus en faveur de celui qui en ferait la découverte. Les Etats de Hollande imitèrent bientôt l'exemple de ce prince, et proposèrent un prix de trente mille florins pour cet objet.

» Les Anglais devenus, au commencement du 18e siècle, les premiers navigateurs de la terre, ne pouvaient manquer de s'intéresser à la science des longitudes ; aussi, le 11 juin 1714, le parlement d'Angleterre ordonna un comité pour l'examen des longitudes, etc. : Newton, Clarke et Wisthon y assistèrent. Newton présenta un Mémoire dans lequel il exposa différentes méthodes propres à trouver les longitudes en mer, et les difficultés de chacune. Pour l'honneur de l'Horlogerie, le premier moyen proposé par le plus grand homme qui ait paru dans la carrière des sciences, est la mesure exacte du tems, etc. Le résultat des conférences fut qu'il convenait de passer un bill pour l'encouragement d'une recherche si importante ; il fut présenté

par le général Stanhope, Walpole , depuis comte
d'Oxfort , et le docteur Samuel Clarke , assistés de
M. Wisthon. Il passa à l'unanimité. Nous allons
donner la traduction de cet acte ou statut de la
douzième année de la reine Anne. »

« *Acte du parlement d'Angleterre assignant
une récompense publique à quiconque dé-
couvrira les longitudes en mer.*

» D'autant qu'il est bien connu à tous ceux
qui entendent la navigation , que rien n'y manque
tant et n'est autant desiré sur mer que la découverte de la longitude pour la sureté et l'expédition
des voyages , la conservation des vaisseaux et la
vie des hommes ; et comme, suivant d'habiles ma-
thématiciens et navigateurs , plusieurs méthodes
ont été déjà trouvées vraies dans la théorie, quoique
difficiles dans la pratique, dont quelques-unes pouvaient être perfectionnées, et d'autant qu'une telle
découverte serait d'un avantage particulier au commerce de la Grande-Bretagne et ferait honneur à
ce royaume ; mais qu'outre la grande difficulté de
la chose, soit faute de quelque récompense publique proposée pour un ouvrage si utile et si
avantageux , soit faute d'argent pour faire les
épreuves nécessaires , les inventions jusqu'ici proposées n'ont pas été assez perfectionnées : pour

ces causes, soit ordonné par l'autorité de la reine et des seigneurs spirituels et temporels assemblés en parlement, que les personnes ci-après nommées soient constituées commissaires perpétuels pour examiner, essayer et juger de toute invention ou proposition qui leur pourra être faite pour la découverte des longitudes en mer.

SAVOIR:

» Le grand-amiral de la Grande-Bretagne, ou le premier commissaire de l'amirauté.

» L'orateur de la chambre des communes.

» Le premier commissaire du commerce.

» Les trois amiraux de l'escadre rouge, blanche et bleue.

» Le président de la Société royale.

» L'astronome royal de l'Observatoire-Royal de Greenwich.

» Les trois professeurs de mathématiques, Favilien, Lucasien et Plumien, d'Oxfort, de Cambridge, etc.

» Soit ordonné par l'autorité susdite, qu'un nombre de ces commissaires, qui ne sera pas moindre que cinq, aura plein pouvoir d'ouïr et recevoir toutes propositions qui leur seront faites pour la découverte des longitudes en mer; et lorsque lesdits commissaires seront satisfaits au point de juger que la découverte est digne qu'on en fasse l'expérience, ils le certifieront, sous leur signature, aux commissaires de la marine, avec le nom de l'auteur et la somme qu'ils jugent devoir être avancée pour faire les expériences proposées ; laquelle somme, pourvu qu'elle n'excède pas deux mille livres sterling, le trésorier de la marine est requis, par l'autorité du présent acte, de payer à vue de pareils certificats ratifiés par les commissaires de la marine.

» Il est de plus ordonné par la même autorité, qu'après telle expérience faite, les commissaires nommés par cet acte ou la pluralité d'eux, déclareront et détermineront jusqu'où la chose expérimentée s'est trouvée praticable, et jusqu'à quel degré de justesse.

» Et pour suffisamment encourager ceux qui pourront tenter utilement la découverte des longitudes, la personne qui aura réussi, ou ses ayant-cause, auront titre aux récompenses suivantes,

SAVOIR:

» A la somme de dix mille livres sterling, si la méthode trouvée sert pour déterminer la longitude à un degré près d'un grand cercle, ou à 60 milles géographiques près.

» A la somme de quinze mille livres sterling, si cette méthode sert pour déterminer la longitude à 40 milles près.

» Et à la somme de vingt mille livres sterling, si elle sert pour déterminer la longitude à 30 milles près.

» La moitié de chacune de ces sommes respectives sera payée aussitôt que la pluralité des commissaires ci-dessus conviendra que la méthode trouvée s'étend à la sureté des vaisseaux à 80 milles des côtes où sont ordinairement les endroits les plus dangereux, et l'autre moitié, lorsqu'un navire aura, par l'ordre des commissaires, fait un voyage depuis quelque port de la Grande-Bretagne jusqu'à l'un des ports de l'Amérique, au choix desdits commissaires, sans s'être écarté de la longitude au-delà des limites ci-dessus prescrites.

» Il est de plus ordonné par la même autorité, que si l'invention ou la méthode ne répond point dans l'expérience aux conditions ci-dessus, et qu'elle se trouve pourtant, dans le jugement des commissaires, de quelque utilité considérable au public; que, même en ce cas, l'auteur de telle invention ou méthode aura titre à telle moindre somme que ci-dessus, qui lui sera adjugée par lesdits commissaires, suivant le mérite ou l'utilité de son invention. »

Ce fut par suite de cet encouragement, aussi bien que des promesses du régent de France, que H. Sully composa une horloge marine en 1726. J. Harrison, qui dès-lors s'occupait en Angleterre de la même recherche, fit, en 1762, l'épreuve de sa troisième montre à longitudes qui remplit l'objet qu'il s'était proposé. Cet artiste célèbre obtint la récompense de vingt mille liv. sterling. *Connaissance des Tems*, 1767, *page* 211.

Pierre le Roy, fils ainé de J. le Roy, qui s'était fait connaître dès 1755, par une pendule à sonrie à une seule roue, a été célèbre de nos jours (1770) par la construction d'une montre marine, qui a remporté plusieurs fois le prix de l'Académie des Sciences. On en trouve la description dans l'ouvrage qui a pour titre : *Mémoire sur la meilleure manière de mesurer le tems en mer*, et qui fait suite au Voyage de M. Cassini fils, pour l'épreuve des montres de M. le Roy, en 1768.

Ferdinand Berthoud, qui avait donné ses premières idées sur la mesure du tems en mer, dans l'*Essai sur l'Horlogerie*, publié en 1763, a composé d'excellentes horloges à longitudes, dont la vérification a été faite par ordre du Gouvernement, et dont le succès a été complet. (*Voyage de Fleurieu*, 1768 et 1769; *de Verdun*, *Borda*, etc., 1771 et 1772.)

Depuis cette époque, plusieurs artistes anglais sont parvenus à faire des montres de poche qui réunissent en quelque sorte toutes les perfections des montres de Harisson. Le comte de Brülh, amateur de l'Astronomie, en avait acquis une

de

de Mudge, dont l'exactitude était telle, que mise à la seconde sur le méridien de Londres, après un voyage en poste de plusieurs semaines, elle s'y retrouvait d'accord, à quelques secondes près.

M. Louis Berthoud en a exécuté plusieurs dont on fait usage avec succès, et dont la sureté des principes, la perfection de la main-d'œuvre, garantissent la constance et la durée.

Le simple exposé des observations faites à bord des bâtimens envoyés à la recherche de l'infortuné La Peyrouse, suffit pour montrer que la marche des montres est assez régulière pour donner en tout temps la longitude du vaisseau, et celle des points observés sur la route, avec toute l'exactitude nécessaire ; mais il n'est pas moins démontré que ces machines, si éminemment utiles, et que l'on peut considérer comme le dernier effort de l'industrie humaine, ont cependant besoin d'être continuellement vérifiées par les méthodes astronomiques; sans quoi les navigateurs, au bout de quelques mois de route, ne pourraient leur accorder aucune confiance, sans un danger assez grand pour la sureté de leur vaisseau. (*Connaissance des Tems*, année 1811, p. 496.)

L'extrême justesse des machines destinées à la mesure du tems en mer, est principalement fondée sur l'isochronisme des vibrations du ba-

H

lancier par le spiral, dont la première idée appartient à Pierre le Roy, qui en fit l'application à sa montre marine. F. B., qui suivait la même carrière, lui disputa cet honneur, qui lui appartenait sans doute, puisque la montre avait une force motrice variable, et que, par conséquent, son régulateur décrivait alternativement de grands et de petits arcs, sans cesser de mesurer un tems égal et uniforme.

Dans le Mémoire sur la meilleure manière de mesurer le tems en mer, l'auteur dit (p. 15) : « Qu'il y a dans tout ressort d'une étendue suffisante, une certaine longueur où toutes les vibrations, grandes ou petites, sont isochrones ; que cette longueur trouvée, si vous raccourcissez ce ressort, les grandes vibrations seront plus promptes que les petites ; si, au contraire, vous l'alongez, les petits arcs s'achèveront en moins de tems que les grands, etc. »; et que c'est de cette importante propriété du ressort que dépend la justesse de sa montre marine, etc.

Voilà une vérité d'expérience bien clairement exposée par P. L. R. ; mais la loi que doivent suivre les inflexions des ressorts, ponr avoir la propriété de l'isochronisme, ne se présenta pas à son esprit avec assez de promptitude..... Son émule s'empara de cette découverte, y donna les

formes géométriques (*) , en développa la théorie
avec tout l'art dont il était capable... De là l'origine
de ce long polémique (**) publié contre P. L. R. par
F. B. , qui, malheureusement pour sa gloire ,

Ne fut pas assez grand pour être sans envie.

Nous ne prétendons pas, à notre tour, dispu-
ter à F. B. la découverte de l'isochronisme des
vibrations du balancier par le spiral : un principe
fondamental , sans lequel il n'existeroit pas de
montres à longitudes , ne pouvait être mûri et
développé que dans la tête de cet homme supérieur ; mais nous avons la conviction *morale* , que
la priorité appartient à P. L. R. , et nous regar-
dons sa montre marine comme une preuve de
fait que toute la puissance du raisonnement ne
saurait détruire (***).

(*) 4ᵉ part. , art. VII, *en note.*

(**) Eclaircissemens sur l'Invention, etc., des
Machines proposées en France pour la Détermination des Longitudes en mer.

(***) Heureusement M. L. B. n'a pas hérité de
cette espèce d'intolérantisme. Loin du tumulte et
des distractions de la ville , cet artiste du premier
ordre forme, dans le silence du cabinet, des
élèves capables de le remplacer, et c'est un nouveau service rendu aux sciences, qui lui doivent
les meilleurs chronomètres. Etranger à tous les
petits calculs de la vanité, il ne sait peut-être

ARTICLE V.

Usages dans la Géographie.

« **La** découverte des Satellites de Jupiter, les horloges astronomiques et les montres à longitudes ont donné plus de perfection à nos cartes géographiques et marines, que n'avaient pu faire dix mille ans de navigation et de voyages ; et lorsque la théorie des satellites sera encore mieux connue, la méthode des longitudes deviendra plus exacte et plus facile.

» Il s'agit de savoir, par exemple, combien le méridien de la Martinique est éloigné de celui de Paris, ou combien il faut faire de degrés·vers l'occident pour arriver à la Martinique. La méthode que les astronomes et les géographes emploient, consiste à chercher dans le ciel un phénomène ou un signal qui puisse être aperçu au même instant de Paris et de la Martinique ; par exemple, le moment où commence une éclipse de lune : s'il est minuit à la Martinique quand l'éclipse y commence, et que, dans ce même moment, on ait compté $4^h·$ 13′ du matin à

---

pas à Argenteuil, qu'il existe à Paris, dans une œuvre, en quelque sorte posthume, une note fallacieuse, dernier sceau de la haine qui proscrivit son nom de l'histoire d'un art qu'il exerce avec tant de succès.

Paris, nous sommes assurés qu'il y a 4ʰ· 13′ de tems, ce qui fait un arc de 63º 15′ du méridien de Paris au méridien de la Martinique. En effet, le soleil emploie 2¼ heures à faire le tour du globe, et une heure à faire 15º : si les habitans de la Martinique avaient le midi plus tard que nous d'une heure, nous serions assurés par là même qu'ils sont à 15º de nous vers l'occident ; mais ils l'ont plus tard que nous de 4ʰ 13′, suivant l'observation ; ils sont donc plus avancés de 63º 1/4, qui répondent à 4ʰ 13′, à raison de 360° pour 2¼ heures , ou d'un degré pour 4′ de tems. »

Les satellites de Jupiter font leurs révolutions autour de cette planète ; le premier, en 1ʲ 18ʰ 28′ 36″ ; le second, en 3ʲ 13ʰ 17′ 54″ ; le troisième, en 7ʲ 3ʰ 59′ 36ʰ ; le quatrième, en 16ʲ 18ʰ 5′ 7″ ; de façon qu'il ne se passe presque point de nuits où l'on ne puisse observer, à l'aide d'une lunette, l'éclipse de l'un de ces satellites par Jupiter. Ces occultations sont aperçues en même tems dans tous les lieux de la terre où l'astre est visible ; et comme on a des tables qui indiquent les tems de l'immersion et de l'émersion de ces satellites pour un lieu déterminé, en comparant l'heure d'une immersion, par exemple, indiquée par la table, avec celle du lieu où l'on observe, que marque une bonne horloge à secondes, on en connait le méridien par le calcul précédent.

II 2

Les géographes ont encore recours à un autre expédient. Ils font allumer de la poudre sur un lieu élevé, où est placé un observateur qui note au juste le moment où il fait mettre le feu à ce signal. A une grande distance est une autre personne, qui marque l'instant précis où elle aperçoit la flamme. La différence entre les tems marqués par chaque observateur, montre la différence qu'il y a entre les méridiens sur lesquels ils sont placés. On conçoit qu'il faut que chaque horloge soit exactement réglée sur le midi du lieu où l'on observe.

Quelquefois les géographes et les ingénieurs mesurent encore, par les montres ou horloges à secondes, des distances qu'ils ne pourraient déterminer autrement. Dans un tems calme, ils font tirer le canon sur l'endroit dont ils cherchent l'éloignement; et remarquant à la montre le tems qni s'écoule depuis que la lumière frappe les yeux jusqu'à celui où ils entendent le bruit, ils en concluent que ce lieu est à telle ou telle distance. Si, par exemple, ce tems est de 10″, ils multiplient par 10, mille quatre-vingts pieds que parcourt le son en une seconde, et ils ont dix mille huit cents pieds pour l'éloignement cherché.

En comparant ainsi la vîtesse du son et celle de la lumière, les marins connaissent la distance où ils se trouvent d'un vaisseau qui s'annonce par un coup de canon, d'un port qu'ils cherchent et qui leur fait ce signal. Dans un tems d'orage, on peut savoir de même, par l'intervalle qu'il y a entre le tonnerre et l'éclair, à quelle distance on est du premier.

On connaît encore avec précision, au moyen des montres et horloges à secondes, et plus surement que par la boussole, la déclinaison orientale et occidentale, nord ou sud, d'un plan, du cours d'une rivière, le gisement d'une côte, la situation d'un promontoire, etc. Pour cela, au moyen de l'horloge ou de la montre à secondes, on trace une méridienne, comme nous l'expliquerons ci-après, et l'on voit ensuite l'angle que fait la côte, ou le plan, avec cette ligne.

Enfin, s'il est utile d'avoir des globes qui représentent la place que chaque pays occupe, quel avantage n'a-t-on pas pour étudier la géographie, lorsque ces mêmes globes, rendus mouvans par l'horlogerie, montrent à chaque instant le lever et le coucher du soleil, la longueur des jours et des nuits pour tous les habitans du monde !

ARTICLE VI.

Usages dans la Guerre.

LES militaires peuvent se servir des méthodes précédentes, soit pour connaître l'étendue d'un camp, la distance où ils sont d'une forteresse, etc.

Ils peuvent encore se servir fort utilement des montres pour les opérations et les attaques simultanées, telles, par exemple, que celle des troupes françaises à la bataille d'Hastembeck.

J'ai souvent ouï dire à cette occasion, que le duc de Malborough avait longtems regardé Tompion de mauvais œil, parce qu'une de ses montres l'avait induit en erreur dans une semblable circonstance.

Les montres à secondes sont encore utiles aux militaires, pour fixer la marche des troupes et la durée de chaque pas; le nombre de coups qu'elles peuvent tirer en une minute ou une heure; le tems qu'une troupe emploie à faire telle ou telle évolution, etc.

Pareillement, dans l'artillerie, un officier déterminera aisément, au moyen d'une montre à secondes, le tems que le feu emploie à se communiquer par une traînée de poudre, par une mèche de telle ou telle grosseur; le nombre de coups qu'un canon peut tirer en tel ou tel tems.

Enfin , un semblable instrument lui est particulièrement utile dans la théorie et la pratique du
jet des bombes.

Il est aisé de voir, par ce qui précède , que
les artificiers peuvent aussi en tirer les plus grands
secours.

ARTICLE VII.

Mesure universelle par le moyen des Horloges.

Une mesure des grandeurs toujours exacte ,
toujours la même , chez tous les peuples et dans
tous les siècles , malgré les vicissitudes où presque tout ce qui existe est sujet, doit passer pour
une chose très-utile. Si cette mesure avait été
découverte dans les âges qui nous ont précédés ,
nous ne serions pas dans une aussi grande incertitude sur la longueur du pied romain ou grec ,
sur celle des stades , ni sur les mesures des Hébreux , etc.

« Mouton , astronome de Lyon , proposait pour
mesure universelle un pied géométrique, *virgula
geometrica*, dont un degré de la terre contenait
600000 ; et pour en conserver la longueur à per-
pétuité , il remarquait qu'un pendule de cette
longueur faisait 3959 1/5 vibrations en 30 minutes.
(*Observ. Diametrorum* , 1670.) Huygens , qui
avait appliqué le pendule aux horloges en 1656 ,
parla de même de l'usage qu'on en pouvait faire

pour les mesures, et la Société royale de Londres se proposait de l'adopter. Amontons, Bouguer, La Condamine insistèrent là-dessus. (*Mém. acad.*, 1703 et 1747.) »

La longueur du pendule simple sous l'équateur, ou celle qui convient à toute autre latitude commune, comme 45°, quantité invariable donnée par la nature, et facile à retrouver dans tous les tems semblables, peut en effet servir de mesure universelle.

« Après avoir réglé l'horloge sur le tems moyen, en observant les étoiles par la méthode que nous avons donnée dans la première partie, il faut suspendre, à côté de l'horloge, un pendule simple, c'est-à-dire, une boule de plomb, ou d'autre matière pesante, attachée au bout d'un fil très-délié, et le mettre en mouvement par une légère impulsion. Il faut alonger ou raccourcir le fil jusqu'à ce que les oscillations, pendant un quart-d'heure ou une demi-heure, s'accordent avec les oscillations du pendule de l'horloge. J'ai dit qu'il fallait ne lui donner qu'une légère impulsion, parce que de petites oscillations, comme de 5 ou 6 degrés, se font en des tems assez égaux, tandis qu'il n'en est pas de même des grandes. Alors prenant la mesure de la distance du point de suspension au centre d'oscillation du pendule simple, et la divisant en trois parties égales, si les oscillations du pendule sont d'une seconde , chacune de ces divisions fera la longueur du pied que nous avons appelé *horaire;* qui, par ce moyen, pourrait s'établir non-seulement chez tous les peuples d'aujourd'hui, mais encore se renouveler au besoin dans les siècles à venir : de sorte que la proportion des autres pieds relativement à celui-ci , servirait à les faire connaître dans la suite d'une manière certaine. Comme nous avons dit que le pied de Paris était à ce *pied horaire* comme 864 est à 881 ; ce qui est la même chose que si on disait que le pied de Paris étant connu , avec la longueur de 3 pieds 8 lignes 1/2 de cette mesure , on fait un pendule simple dont les oscillations répondent aux seeondes horaires. Or le pied de Paris est au pied du Rhin, dont on se sert en Hollande, comme 144 est à 139, c'est-à-dire que ce dernier a 5 lignes de moins, et par là ce pied, ainsi que tous les autres , peuvent donner des mesures éternellement durables. (*Horol. oscil.* pag. 152.) »

La méthode employée par Huygens, dès 1673, pour déterminer la longueur du pendule simple à Paris, et qu'il a fixée à 3 pieds 8 lignes 1/2 $=$ l. 440 $\frac{50}{100}$, est la même qu'ont suivie longtems après MM. de Mairan, Bouguer et l'abbé de Lacaille. M de Mairan, par des expériences faites avec le plus grand soin , a trouvé la longueur du pendule simple, à Paris, de 440 lignes $\frac{51}{100}$: selon l'abbé de Lacaille, cette longueur n'est que de 440 lignes $\frac{55}{100}$.

De la petite différence que l'on remarque entre les déterminations faites par Huygens, en 1673, et par M de Mairan, en 1735 (*Mém. acad.*), on on peut tirer deux conséquences : la première, c'est l'excellence de la méthode en elle-même, et l'exactitude employée par les deux observateurs, puisqu'en plus de soixante-deux ans, on ne trouve qu'une différence de $\frac{7}{100}$ de ligne dans la longueur du pendule à secondes.

La deuxième conséquence, c'est que pendant cet intervalle, le pied de Paris qui, dans les deux époques, a été pris pour unité, n'a éprouvé aucune altération.

Enfin cette méthode présente une précision remarquable, si l'on considère que *la durée d'une oscillation augmente, par l'étendue des arcs, de sa huitième partie, multipliée par le sinus verse ou hauteur de l'arc ;* et si, dans l'expérience de l'abbé de Lacaille, le pendule simple, réglé sur les oscillations du pendule de l'horloge, décrivait des arcs de deux degrés, il est évident que ce pendule aurait retardé de 4″,94 en 24 h. par un arc de 4 deg. (le moindre que l'on puisse supposer dans l'expérience d'Huygens) ; il aurait

donc

donc fallu raccourcir ce pendule d'environ $\frac{5}{100}$ de lignes, pour qu'il fût d'accord avec le pendule à secondes, et c'est précisément la détermination d'Huygens.

Pour conserver, dans tous les tems, les mesures en usage, F. Berthoud a proposé d'employer un cylindre parfaitement calibré et d'une matière homogène. La longueur de ce cylindre est rigoureusement la même que celle du pied de Paris; il a pour diamètre la 24e partie de sa longueur, c'est-à-dire, six lignes du même pied, vérifié par un excellent *étalon* d'acier fait par Canivet en 1766.

Ce cylindre en cuivre rouge, exécuté par M. Hulot, pèse 13 onces 6 gros poids de marc, c'est-à-dire $\frac{55}{64}$ de la livre de Paris.

Le couteau de suspension a neuf lignes de longueur, sa hauteur ou largeur est d'une ligne, son épaisseur au sommet est d'une demi-ligne ; il pèse six grains, c'est-à-dire, que sa pesanteur est à celle du cylindre de cuivre rouge, comme 1 est à 1320.

Le cylindre ayant été suspendu alternativement par chacune de ses bases, a fait constamment 7710 vibrations par heure, en lui faisant décrire des arcs de deux degrés.

Or, si au bout de quelques siècles la mesure du pied était altérée ou perdue, il est évident

qu'il suffirait de faire un cylindre de même métal, dont la longueur serait telle, que le nombre
de ses vibrations fût le même dans le même tems,
en y joignant cette condition, que le diamètre de
la base soit la 24e partie du cylindre. (Berthoud,
Essai sur les Poids et Mesures, p. 10.)

Il était réservé à la Commission temporaire
des poids et mesures, de procurer à la France
le bienfait d'une mesure universelle et invariable
prise dans la nature. Les arts se sont empressés
de seconder ce travail, et l'on est parvenu, à l'aide
de machines ingénieuses, à saisir des quantités
dont la petitesse étonne l'imagination.

« Et ce qui surprendrait encore davantage chez
toute autre nation, c'est de voir les citoyens
chargés de cette opération importante, qui semblerait exiger tout le calme des tems pacifiques,
la conduire avec succès à son terme, au milieu du
bruit des combats et des agitations de la liberté.
Occupés tranquillement alors à interroger la nature, ils ont prouvé que quand il s'agit des in-
térêts et de la gloire de la patrie, il y a, pour
le génie comme pour le courage, un sang-froid
qui rend l'un supérieur à toutes les distractions,
comme l'autre à la crainte. »

La théorie du pendule, et une montre à secondes, peuvent encore faire connaître la hauteur de la voûte d'un palais ou d'une église, sans

y employer aucune mesure. Il ne s'agit que d'observer à cette montre, combien les lampes , ou
les lustres suspendus, font de vibrations pendant
un certain tems. S'ils en font quinze par minute,
la voûte est élevée d'environ 48 pieds 11 pouces 5
lignes depuis son sommet jusqu'au lustre; s'ils
en font trente, ce sommet est distant du centre
d'oscillation du lustre, de 12 pieds 2 pouces 10
lignes, etc.

» Ces déterminations sont fondées sur les lois
que suivent les longueurs des pendules , les tems
des vibratious , etc. , et qui ont été démontrées
par Huygens. Ces longueurs sont entre elles comme
les carrés des tems dans chacun : or plus un
pendule est long, plus il reste de tems à faire ses
vibrations; ensorte que si les longueurs de deux
pendules son entre elles comme 4 et 1, les tems
des vibrations seront entre eux comme 2 et 1 racines carrées de ces longueurs. »

Dans les cas où l'on n'a point d'autre mesure ,
une montre à secondes peut de même faire
savoir la hauteur d'une tour sur laquelle on se
trouve, la profondeur d'un puits ou d'un précipice dont on ne voit pas le terme. Pour
cela, on laisse tomber quelque corps pesant,
on remarque combien il se passe de tems depuis l'instant où l'on abandonne ce corps, jusqu'à celui où l'on entend le bruit du choc au bas

de la tour ou du précipice ; connaissant la progression que suit l'accélération des graves, on sait l'espace que ce corps a parcouru. Si l'on veut une plus grande précision, on rectifie, par le calcul, la petite différence résultante du tems que le son emploie à parcourir l'espace en question.

La méthode précédente exige que nous donnions quelques notions de la pesanteur et du mouvement accéléré des corps.

ARTICLE VIII.

De la Pesanteur et du Mouvement accéléré des Corps.

« La pesanteur est cette force que nous éprouvons à chaque instant, par laquelle tous les corps tiennent au globe terrestre, et y retombent d'eux-mêmes aussitôt qu'on les en éloigne et qu'ils sont libres.

» Le premier phénomène qu'on a observé dans la pesanteur des corps, est la vîtesse avec laquelle ils tombent vers la terre. Tous les corps, grands ou petits, quelles que soient leurs grosseurs, leurs pesanteurs, leurs densités, commencent à tomber avec une vîtesse de quinze pieds par seconde (ou plus exactement, de 15,0515, sous l'équateur) ; mais après avoir parcouru quinze pieds dans la première seconde de tems, ils en parcourent trois fois autant dans la suivante, cinq fois autant dans la troisième ; les espaces parcourus en une seconde sont comme les nombres impairs 1, 3, 5, 7, 9, etc. Galilée reconnut le premier cette loi, confirmée ensuite par toutes les expériences et par la théorie de la pe anteur.

» Il suit de là que les espaces entiers parcourus depuis le commencement de la chute sont comme les carrés des tems ; car le corps qui n'avait parcouru qu'un espace à la fin de la première seconde, se trouve avoir parcouru en tout quatre espaces au bout de deux secondes, neuf après trois secondes, etc.; donc les espaces parcourus dans la chute des corps, sont comme les carrés 1, 4, 9, 16 des tems 1, 2, 3, 4 que la chute a duré.

» Exprimons les petites parties de tems que dure la chute, par les petites portions d'une ligne AB (Fig. 3), qui soit divisée en parties égales AC, CD ; les vitesses du corps qui tombe croissent dans la même proportion, puisqu'à chaque instant il survient un nouveau degré de vitesse égal au précédent, qui ne le détruit point, mais qui se joint à lui : ces vitesses peuvent donc s'exprimer par les ordonnées CE, BF, du triangle ABF, puisque ces ordonnées croissent uniformément, et comme les abscisses AC, AB, c'est-à-dire comme les tems. Les espaces parcourus à chaque partie de tems doivent être d'autant plus grands que le tems est plus long et la vitesse plus grande ; ils sont donc comme le produit du tems multiplié par la vîtesse : or les instans sont exprimés par A C ou A B, et les vîtesses par C E ou B F; ainsi la valeur absolue des espaces parcourus pourra être exprimée par le produit des lignes A C et C E, ou par celui des lignes A B et B F, c'est-à-dire, dans chaque cas, par la surface du triangle. La surface du petit triangle A C H est à celle du grand A B F, comme le carré de A C est à celui de A B; donc les espaces parcourus sont comme les carrés des tems.

» Si la vîtesse B F était constante, le tems A B étant le même, l'espace parcouru serait le parallélogramme A B F G double du triangle; ainsi l'espace parcouru uniformément, avec la vîtesse acquise, est double de celui que le corps a parcouru par le mouvement accéléré.

» Les espaces étant comme les carrés des tems, et les vîtesses comme les tems pendant lesquels elles ont été acquises, les espaces sont comme les carrés des vîtesses; donc les vîtesses sont comme les racines des espaces parcourus, c'est-à-dire, des hauteurs d'où les graves doivent tomber pour acquérir ces vîtesses. »

M. Charles, dans cette expérience à jamais mémorable, fruit du génie et de l'exactitude géométrique, s'étant élevé à 1500 toises = 9000 pieds, s'il avait jeté un boulet de cette hauteur, il aurait parcouru, savoir :

Dans la 1re seconde	15 pieds	15
2e........	45	60
3e........	75	135
4e........	105	240
5e........	135	375
6e........	165	540
7e........	195	735
8e........	225	960
9e........	255	1215
10e........	285	1500
11e........	315	1815
12e........	345	2160
13^e........	375	2535
14e........	405	2940
15e........	435	3375
16e........	465	3840
17e........	495	4335
18e........	525	4860
19e........	555	5415
20e........	585	6000
21e........	615	6615
22e........	645	7260
23e........	675	7935
24e........	705	8640
24 1/2	363 3/4..	9003 3/4

9003 3/4

Ainsi, le boulet lancé d'une hauteur de 9000 pieds, aurait employé un peu moins de 24 1/2 secondes à descendre sur la terre.

ARTICLE IX.

Usages dans la Musique.

LORSQUE la musique nous procure ce plaisir si sensible pour tout homme qui a de l'ame et une oreille un peu délicate, elle met en usage le mélange de divers tons et de différentes durées.

C'est par cette dernière voie qu'elle sait nous affecter de différentes passions, et faire passer en nous les sentimens les plus vifs et les plus touchans. Rien n'est donc de plus grande nécessité dans un concert que l'exacte observation de la mesure. Aussi la faisons-nous battre par des personnes qui, dans leur enthousiasme, font quelquefois autant de bruit que tout l'orchestre qu'ils conduisent. Un ouvrage d'horlogerie, un chronomètre musical, contribuerait certainement à la rendre plus exacte. Si, au lieu de ces mots *allegro*, *adagio*, etc., qui ne veulent rien dire de positif, les musiciens plaçaient devant leurs airs un nom qui déterminât la durée de chaque mesure, alors les instrumens qui battraient les secondes, ou plutôt d'autres divisions de tems plus favorables, seraient autant de règles fixes par lesquelles le génie du compositeur serait bien plus exactement suivi.

On a senti depuis long-tems l'utilité d'un sem-

153)

blable instrument. M. Donzembray avait imaginé
pour cet effet une espèce de pendule , sur le
cadran de laquelle étaient gravés différens mouvemens d'airs , comme rigodons , sarabandes ,
menuets , gavottes , chaconnes , etc. En mettant
l'aiguille vis-à vis l'une de ces inscriptions , on
raccourcissait ou alongeait le pendule , ensorte
qu'il donnait , par ses vibrations , le mouvement
précis de l'air.

M. Breguet a composé plusieurs instrumens de
cette espèce, qui portent un grand caractère d'ori-
ginalité et de précision.

Dans celui de M. Donzembray , il fallait regarder le pendule lui-même pour se rendre
compte de la durée des mesures ou des tems ;
au lieu que dans celui de M. Breguet, c'est le
mouvement sensible et uniforme d'une aiguille
qui est destiné pour cela.

Dans l'une de ses constructions , cet artiste a
cherché à rendre très-sensibles les plus petites variations de la longueur du pendule : pour cet effet
il s'est servi de deux aiguilles qui , au centre
d'une circonférence particulière , indiquent par
leurs positions , sur chacun de ses points , toutes
les variétés de longueurs, etc.

Cette circonférence est divisée en cent vingt
parties égales par deux fois la suite des nombres
1 , 2 , 3 , etc. , jusqu'à soixante à droite et à

I 2

gauche d'une division indiquée zéro, de telle manière que la division soixante se trouve opposée à celle zéro ; l'une ne peut parcourir une de ces divisions que l'autre n'en parcoure soixante dans le même sens. On voit que, par leur jeu, l'on pourrait assigner sept mille deux cents divisions différentes, si les chaînons qui forment la partie flexible du pendule comportaient d'aussi petites fractions.

Lorsque le pendule est le plus raccourci, les oscillations durent un quart de seconde : cette durée est à peu près celle des tems des mesures les plus vives, etc.

Au reste, nous n'entendons parler que de ce mouvement bien différent de l'expression, cette dernière partie de l'art, qui emprunte souvent ses beautés de la marche irrégulière du sentiment.

ARTICLE X.

Usages dans la Médecine.

Je ne m'étendrai point sur la nécessité où est le médecin d'être instruit du tems que son malade emploie à faire les fonctions animales, ni des intervalles qu'il doit faire observer entre chacun de ses remèdes : dans tous ces cas, il suffit d'un à-peu-près. Mais à l'égard de certains accès, tels que les convulsions, les catalepsies, épilepsies, spasmes, vapeurs, etc., la plupart de ces accidens étant de courte durée, s'il a recours aux horloges exactes, qui divisent le tems en parties fort petites, il sera bien mieux en état d'envisager la nature des causes qui les ont produites, pour y appliquer ensuite les remèdes convenables.

La chirurgie peut aussi tirer des utilités particulières des montres à secondes. En examinant, par leur moyen, le tems employé pour telle ou telle opération, on se met à portée de savoir si tel ou tel malade est en état de la supporter, etc.

Il n'y a point de symptômes dans les maladies qui reviennent plus souvent, qui soient en même tems plus sensibles que les différentes modulations du pouls. Boerhave, dans ses Aphorismes, dit que *le médecin puise tout ce qu'il sait, touchant la nature de la fièvre, dans la seule vélocité du pouls.* Il serait donc fort à souhaiter, qu'au lieu de s'en rapporter à une estime, trop souvent trompeuse, les médecins examinassent le pouls des malades avec une montre à secondes, et notamment, à chacune de leurs visites, le nombre de ses pulsations, pour en voir les diverses progressions. Ils connaîtraient alors avec plus de certitude les différens progrès de la maladie, et jugeraient plus sainement de l'effet produit par leurs remèdes.

Enfin il serait bon que chaque personne observât sur des montres ou pendules à secondes, combien son pouls fait de battemens par minute, afin de pouvoir le dire dans l'occasion. En effet, un medecin appelé pour secourir un malade, dont le pouls est ordinairement très-fréquent, ordonne les remèdes qu'il croit propres à diminuer cette fréquence. Heurtant ainsi de front la nature, il change souvent l'indisposition en maladie.

ARTICLE XI.

Usages dans la Physique.

UNE exacte mesure du tems n'est pas moins nécessaire à la perfection de la Physique qu'à celle des autres sciences positives Sans son secours, on ne pourrait mesurer les différentes vitesses des phénomènes de la nature, l'accélération des graves, la progression dans laquelle les corps s'echauffent ou se refroidissent, acquièrent telle ou telle qualité, la durée de tel ou tel météore, la propagation du son, de l'électricité, et de nombre d'autres effets semblables.

En effet, si nous savons que les corps tombent de quinze pieds dans la première seconde; que la lumière nous vient du soleil en huit minutes; que le son parcourt mille quatre-vingts pieds par seconde; que pendant ce tems, le vent le plus

rapide , celui qui déracine les arbres , parcourt 32 pieds (*) , un boulet de canon six cents ,
et une infinité d'autres choses intéressantes , c'est
à l'horlogerie perfectionnée que nous en sommes
redevables.

Les irrégularités même des horloges sont une
source inépuisable de connaissances en Physique , lorsqu'elles proviennent par des causes naturelles.

C'est ainsi que le retardement des ocillations du
pendule transporté vers l'équateur , a fait voir
que la pesanteur des corps variait , sous les différentes latitudes , et fournit une méthode pour
déterminer la figure de la terre.

Plusieurs auteurs ont dit que l'on observait
des changemens de pesanteur dans les corps trans-
portés au fond des mines profondes. Il serait facile de vérifier cet effet par les horloges à pendule , comme le chancelier Bacon l'a indiqué
dans son livre intitulé , *Novum scientiarum
organum.*

Enfin , la figure de la terre étant déterminée

(*) M. Derham trouve cette vîtesse environ deux
fois plus grande. Il a fait cette expérience avec
des plumes légères , que le vent emporte avec la
même rapidité que l'air même.

par des mesures géographiques, les horloges deviendront plus utiles à la Physique. Ecoutons M. de Maupertuis :

« La figure de la terre étant bien connue, les expériences du pendule montreront, dans chaque lieu, vers quel point de l'axe de la terre tend la gravité primitive ; la gravité telle qu'elle serait, si la force centrifuge ne l'avait point altérée. Cette connaissance est peut-être la plus importante de la Physique : elle nous conduit à découvrir la nature de cette force, qui, faisant agir toutes les machines dont les hommes se servent, s'étend jusque dans les cieux, pour y faire mouvoir la terre et les planètes, et semble être l'agent universel de la Nature. »

J'observerai, en finissant, que la manière dont je fais marquer les secondes dans mes pendules à une roue et à râteau, est infiniment préférable, dans un très-grand nombre de circonstances, à la méthode ordinaire. Pour le sentir, il est à propos de considérer que dans les observations de Physique, d'Astronomie, etc., deux sortes de cas se présentent ordinairement. On voudra voir, par exemple, en combien de secondes tel ou tel phénomène s'exécute ; pour lors les pendules ordinaires pourront servir, ainsi que la mienne ; mais si au contraire on veut compter combien un certain effet qu'on observe s'opère de fois dans une minute ou une demi-minute ; si l'on veut savoir combien, par exemple, le cœur d'un animal, qu'on regarde au microscope, se dilate de fois en une demi-minute ; combien de jets de lumière, ou autres mouvemens alternatifs , s'exécutent dans ce même tems , etc. , les pendules ordinaires ne pourront être d'aucun secours, à moins d'avoir recours à un second observateur qui compte les secondes qui s'écoulent tandis que l'on observe. La mienne, au contraire, sonnant pour ainsi dire les demi-minutes, par l'echappement qui se fait à la fin de chaque excursion du râteau , en instruit pleinement. Par la même raison , ma pendule sera utile dans l'obscurité en nombre de cas où les autres ne peuvent être d'aucun secours , pour savoir , par exemple , la nuit, le nombre des battemens de son pouls, etc.

La septième partie de cet ouvrage montrera les usages des montres et pendules dans la Gnomique.

OBSERVATION.

Nous ne saurions partager l'opinion de Pierre le Roy sur les pendules à une roue , etc. Nous aimons à croire qu'il penserait aujourd'hui comme nous , et ne verrait, dans ces machines , que des *monstres en horlogerie* dont le tems et l'expérience font une prompte justice.

Un artiste célèbre a dit avec raison : « Ce n'est

point en diminuant le nombre des pièces que l'on simplifie une machine ; c'est seulement en diminuant les effets. Or si l'on retranche des pièces, et que les effets soient les mêmes, il faudra qu'une pièce produise plusieurs effets souvent opposés ; de là cette pièce devient plus difficile à exécuter, ensorte que le moindre changement dans la machine lui fera manquer son effet, la pièce même étant faite avec des soins extrêmes, et cela à plus forte raison si elle est mal exécutée. Or cela ne serait pas arrivé, si l'on eût conservé l'ancien mécanisme ; car il y a une composition propre à chaque machine, au-delà de laquelle il est dangereux d'aller : ainsi ce qu'on gagne en simplicité, on le perd en solidité et en facilité d'exécution. » (*Essai sur l'Horlog.*, tom. 1, pag. 209.)

Ces considérations nous ont porté à supprimer dans cet Ouvrage tout ce qui concerne les pendules à une roue (*) : celle à trémie surtout présent des frottemens d'une nature tout-à-fait inadmissible dans un instrument de précision.

(*) L'on pourra se satisfaire sur cet objet, en parcourant les chap. ix, x et xi de la seconde partie du Traité d'Horlogerie de Lepaute.

SIXIÈME PARTIE.

Des Moyens de connaître, de gouverner et de régler les Pendules et les Montres.

ARTICLE PREMIER.

Remarques sur le choix des Montres.

COMME il y a de bonnes et de mauvaises montres, dit Sully, il y a aussi des moyens de distinguer les unes des autres. C'est faute de les connaître qu'une infinité de personnes, qui aiment les productions de l'Horlogerie, sont trompées par tant de courtiers, de marchands, et même d'horlogers ardens à se prevaloir de l'ignorance et de la credalité du public.

Le premier avis qu'on peut leur donner, c'est de ne point prendre de montres offertes à bas prix, qui portent le nom des maîtres les plus renommes : on doit tenir ces ouvrages pour suspects, et les regarder comme des enfans supposés.

Quand un maître vend à bas prix une montre

de son nom, c'est encore un fort indice qu'elle est mal faite ; car il n'y a pas d'apparence que les bons ouvriers , toujours en petit nombre, travaillent pour ceux qui ne voudraient ni ne pourraient payer à moitié leurs ouvrages.

Je ne conseillerai pas non plus à quelqu'un qui, dans une montre, fait particulièrement cas de la régularité , d'en prendre une qui aille plus de trente heures. Il n'est pas difficile d'en construire qui marchent huit ou quinze jours, un mois, plus ou moins, sans être remontées : quelques roues de plus suffisent pour cela ; mais de les faire aller bien , c'est ce qui n'arrive presque jamais : l'expérience ne le prouve que trop et la théorie le démontre.

En effet, dans une montre qui va huit jours, par exemple, outre que les frottemens , les résistances de l'huile, etc. , toutes causes variables, sont multipliées, il y a environ sept fois moins de force pour vaincre ces résistances , en commençant depuis la roue du centre et finissant au balancier.

Or la grosseur actuelle des montres est telle, que leur moteur n'est pas trop fort pour les soustraire aux variations que les différentes fluidités de l'huile et sa coagulation tendent à produire , surtout l'hiver dans les gelées, etc.

Pour éviter de telles erreurs, on prétendrait

envain faire le diamètre des pivots proportionnel au peu de force ; car les molécules du métal ont une certaine grosseur ; il en faut un certain nombre pour qu'un pivot puisse être bien fait : ce nombre n'est pas trop grand dans les pivots des derniers mobiles d'une montre ordinaire. D'ailleurs, pour rendre un pivot d'un diamètre huit fois moindre que celui d'un autre, il faut qu'il ait soixante-quatre fois moins de parties, les cercles étant entre eux comme les carrés de leurs diamètres.

Par les mêmes raisons, l'on ne doit point choisir une montre trop petite ni trop plate : ces ouvrages de caprice sont bons pour amuser un moment, mais non pour satisfaire une personne raisonnable. Je ne conçois pas quels charmes on peut trouver dans une montre où l'on ne voit l'heure que la lorgnette à la main.

La partie qu'il faut examiner avec le plus d'attention dans une montre, c'est l'échappement : on en compte plus de cinquante (*). Mais celui

--- --

(*) En 1759. Depuis cette époque, plusieurs artistes célèbres, tant en France qu'en Angleterre, ont imaginé divers échappemens libres ; c'est-à-dire, où le régulateur achève librement ses oscillations après avoir reçu l'impulsion de la force motrice.

dont l'usage est le plus général, s'appelle *échappement à roue de rencontre*. On le voit dans presque toutes les montres, et j'en ai fait la description dans la 4e partie, art. 11, pag. 74.

Il y en a un second, que l'on doit à M. Graham, qui est aussi fort usité. On le nomme *échappement à cylindre*, parce qu'il est formé par un demi-cylindre dont l'axe du balancier occupe le centre.

Dans le premier échappement, la roue de rencontre, perpendiculaire aux platines, agit continuellement, par la pointe de ses dents, sur les palettes de la verge, et par conséquent sur le balancier, soit pour en accélérer, soit pour en retarder la vîtesse, et il y a un petit recul à chaque vibration, qui le fait nommer *échappement à recul*.

Dans le second, la roue parallèle aux platines n'agit par les courbes ou plans inclinés de ses dents, sur les bords du cylindre, que pour accélérer le mouvement du balancier, et non pour le retarder, si ce n'est par les frottemens ; elle a toujours un mouvement progressif, excepté que chaque vibration est suivie d'un petit repos qui vient de l'appui des dents sur la circonférence intérieure ou extérieure du cylindre, après qu'elles en ont écarté les bords par leurs plans inclinés : pour cette raison, l'echappement à cylindre est aussi nommé *échappement à repos*.

On sent bien que dans l'un et l'autre cas les parties frottantes doivent être aussi dures, aussi libres et aussi polies qu'il est possible. Voici les attentions que les habiles horlogers apportent dans chacune de ces constructions.

Dans l'échappement à roue de rencontre, ils ont soin :

1° Que le plan de chaque palette prolongé passe par le centre de l'axe du balancier ;

2° Que l'angle formé par ces palettes soit de 95 degrés et même de 100 ;

3° Que la roue soit fort légère, aussi grande qu'il est possible, le devant des dents incliné de manière à former un angle de 15 à 20 degrés avec l'axe de son pignon, et cet axe bien perpendiculaire à celui du balancier ;

4° Que la chute, c'est-à-dire l'espace parcouru par les dents de la roue, lorsque son action passe d'une palette sur l'autre, ne soit pas plus considérable que le jeu de l'échappement ne l'exige ;

5° Que la levée, c'est-à-dire, l'arc que la roue fait parcourir au balancier sans aucun recul, et en écartant simplement les palettes, soit d'environ 40 degrés.

Enfin, que la montre marchant par sa seule force motrice, et sans le ressort spiral, retarde de 33 minutes par heure.

Dans l'échappement à cylindre, les mêmes artistes ont attention :

1° Que la roue soit aussi légère qu'il est possible, que ses pointes passent par l'axe du balancier, et que ses courbes ou plans inclinés procurent une levée de 30 à 40 degrés ou environ ; ce qui doit varier, selon les différentes forces motrices et par d'autres circonstances ;

2° Qu'après avoir écarté les bords du cylindre, elles tombent sur la circonférence extérieure ; mais qu'elles y soient alors aussi peu engagées qu'il est possible ;

3° Que leur chute, tant sur une circonférence que sur l'autre, soit aussi petite que faire se peut ; qu'ainsi les dents soient de la grandeur du diamètre intérieur du cylindre, à très-peu près, et écartées l'une de l'autre de son diamètre extérieur, et un peu plus ;

4° Que le balancier ait une consistance raisonnable, mais qu'il ne soit pas trop petit, parce qu'alors toute sa puissance ne venant que de sa masse, il devient trop lourd, ce qui augmente le frottement des pivots et les variations qui naissent des différentes positions ;

5° Que ses barettes soient disposées de manière que l'air y apporte aussi peu de résistance qu'il est possible, etc.

À l'égard du nombre de vibrations que doit faire le balancier dans une heure, c'est une chose sur laquelle l'expérience doit être notre guide. En général, je pense que ce nombre doit aller de 16200 à 17000. C'est ce dernier que M. Graham employait le plus ordinairement dans ses montres, en quoi il paraît avoir été suivi par son successeur. Lorsque les vibrations sont trop multipliées, le rouage en est moins parfait, le balancier devient trop faible, la résistance de l'air y influe davantage. Quand, au contraire, les vibrations ne sont pas en assez grand nombre, lorsque le balancier en fait beaucoup moins de 16200 par heure, alors le spiral devient trop faible eu égard à la masse du balancier, les frottemens de ses pivots produisent de grandes variations, les erreurs qui naissent des différentes positions augmentent, etc.

Voici maintenant les propriétés et les défauts des deux constructions. Le premier, je veux dire l'échappement à verge, a une roue plus facile à exécuter et plus nombrée, ce qui rend le rouage plus parfait à cet égard. Il porte un balancier plus fort, fournit une règle certaine pour sa pesanteur, peut marcher sans huile, est peu susceptible d'inégalité par les différens frottemens qui peuvent arriver dans les trous des pivots du régulateur, etc. ; est moins sujet aux variations dépendantes du froid et du chaud ; est plus connu de tous les horlogers, et particulièrement de ceux des provinces, et par conséquent peut être plus facilement raccommodé. Il rend la montre moins chère, etc. ; mais il s'en faut bien qu'il compense aussi parfaitement les inégalités de la force motrice et des roues que le cylindre (*). De plus, il cause beaucoup plus d'usure que ce dernier dans toutes les parties du rouage.

Le cylindre a d'ailleurs un avantage que l'échappement ordinaire n'a pas : c'est que la roue communique son action dans le milieu à peu près de l'axe du balancier, il n'exige point de roue de champ, etc.

Toutes ces choses font que les horlogers les plus habiles sont fort partagés sur le choix de ces échappemens.

Les uns allèguent en faveur du premier toutes les propriétés dont nous venons de parler, et la grande quantité de montres faites par les plus habiles gens, sur ce principe, qui, pour la plupart, ont contenté ceux qui les ont acquises. Les partisans du dernier font valoir sa propriété

(*) L'échappement à cylindre ne compense point les inégalités de la force motrice. Il n'existe pas de nos jours un seul artiste éclairé, qui soutienne une semblable proposition. Les expériences de Berthoud sont décisives. (Voyez *Essai sur l'Horlogerie*, tom. 11, chap. 31 et 32.)

inestimable

inestimable de compenser les inégalités de la force motrice du rouage ; l'autorité de M. Graham, etc.

Si on me demande mon avis à cet égard , je dirai franchement ce que vingt-cinq années d'expérience et de réflexion m'ont appris. J'ai vu des montres de l'une et l'autre construction aller aussi parfaitement qu'il soit possible de l'imaginer, et j'en ai observé d'autres qui, quoique bien faites, ne répondaient pas à beaucoup près à ce qu'on en devait attendre. Pour conclure, voulez-vous, dirai-je à celui qui veut faire acquisition d'une montre , qu'elle soit à secondes ? vous embarrassez-vous peu de ce qu'elle coûtera ? celui dont vous voulez la tenir est-il réellement d'une habileté reconnue ? comptez-vous demeurer dans la Capitale ou y avoir des correspondances ? Prenez une montre à cylindre (*). Ne desirez-vous, au contraire, qu'une montre simple ou à répétition, marquant les minutes, qui soit parfaitement solide , qu'il ne faille pas nettoyer souvent, qui puisse se bien raccommoder partout, et qui ne soit pas d'un prix trop considerable ? Choisissez une montre à échappement ordinaire.

Lorsqu'on aura suivi le peu de conseils que je viens de donner , on pourra faire les expériences

---

(*) De nos jours, à échappement libre.

K

suivantes , pour juger en deux ou trois jours de la bonté d'une montre : qu'elle avance ou qu'elle retarde , peu importe, on pourra la régler par le cadran d'avance ou de retard ; mais on observera sur une bonne pendule , si elle va également dans les différentes positions, c'est-à-dire, à plat et pendue , en la voyant aller douze heures sur chacune de ces positions.

En second lieu, on examinera sa marche pendant vingt-quatre heures , observant si elle va également ; c'est-à-dire, si la fusée a la courbe demandée par les différentes forces du ressort.

On examinera encore si le mouvement du balancier n'a point un air contraint et gêné ; s'il a un *branle* suffisant et d'un demi-tour environ , et si ses vibrations sont bien égales. On écontera à l'oreille si elle ne fait pas trop de bruit, ce qui dénote beaucoup de chute dans l'échappement , s'il n'y a pas quelques frottemens ou battemens extraordinaires , etc.

On pourra aussi voir avec un microscope , si les dents des roues et les pignons sont bien polis, si ces dents paraissent uniformes, et si le tout semble bien distribué.

Mais surtout, à moins que vous ne vous soyez adressé à quelque artiste d'une réputation supérieure, ne prenez point de montre qui contienne des nouveautés essentielles , qu'elles n'aient eu préalablement quelques suffrages respectables ,

(171)

celui de l'Académie, par exemple. En effet, quel fonds peut-on faire sur le Lien qu'un homme débite de lui et de ses ouvrages ? Cet homme est-il infaillible ? ne peut-il pas être le premier abusé ? que dis je ! ne sait-on pas que dans tous les états, les moins capables, les plus mésestimés, les charlatans enfin, sont les plus ardens à vanter et prôner leur mérite prétendu. En effet, les abeilles travaillent en silence et bourdonnent beaucoup moins que le frélon qui les pille.

Voilà les principaux avis qu'on puisse donner à celui qui veut faire choix d'une montre. Malgré ces attentions, il pourrait bien encore être trompé ; ainsi le meilleur conseil qu'on puisse leur donner, c'est de s'adresser aux horlogers qui ont une réputation faite d'honneur et d'habileté ; car si *à l'ouvrage on connaît l'ouvrier, à l'ouvrier on peut juger de l'ouvrage.*

ARTICLE II.

Extrait d'un petit Écrit de Julien le Roy, *sur le degré de justesse qu'on doit attendre d'une Montre.*

Un homme de lettres comparait une femme très-belle, mais plus estimable encore par son caractère, à une montre dont la boîte était extrêmement enrichie. Il leur appliquait cette devise à l'une et à l'autre : *Pretiosior ab intus ,* mon plus grand prix vient du dedans.

Pour suivre l'ingénieuse comparaison de l'abbé
Desmarets, si une montre n'est que belle, si elle
est quinteuse et inegale, loin de contribuer à la
satisfaction de celui qui la possède, elle en fait
au contraire le tourment. Mais s'il est à souhaiter
pour celui qui fait usage d'une montre, qu'elle
soit bonne, il ne l'est pas moins pour celui qui
l'a faite, qu'il sache bien la gouverner.

Il ne faut pas d'abord exiger d'elle une plus
grande exactitude que sa nature ne le permet.
Quelque parfaite qu'elle puisse être, elle n'ira
pas long-tems, sans que le hasard y ait part,
aussi régulièrement qu'une bonne pendule. En
effet, celle-ci est toujours dans une situation
fixe, dans un air qui ne change que par degrés ;
souvent, au contraire, une montre passe habi-
tuellement du gousset, où elle est agitée, et où
l'air est chaud, à un clou où elle est en repos
dans une situation toute différente, quelquefois
exposée au froid, même à la gelée, qui augmente l'elasticité des ressorts, coagule l'huile, etc.
Enfin cette petite machine, composée de tant
de pièces, donne tous les jours quatre cent mille
coups de balancier ; elle est par conséquent sujette à des frottemens continuels et à l'usure de
toutes les parties en mouvement.

Ces causes réunies font qu'en général on doit
regarder une montre comme assez bien réglée,
lorsqu'elle n'avance ou ne retarde que d'une
minute en vingt-quatre heures. Cependant cette

variation donnerait en sept jours près d'un demi-
quart-d'heure d'erreur : je ne sais rien de mieux
pour la corriger, que de remettre sa montre à
l'heure, par l'aiguille des minutes, une fois par
semaine, sur une seule horloge ou pendule dont
la justesse soit connue.

Les diverses horloges publiques que l'on doit
à MM. Lepaute, oncle et neveux, ont été construites avec beaucoup d'intelligence, et exécutées avec une grande perfection. Celle de l'Hôtel-
de-ville marche souvent plus de six mois sans
s'écarter de l'heure vraie du soleil ; elle sert jour-
nellement de méridien perpetuel à presque tous
les citoyens de la commune de Paris ; et même
beaucoup d'horlogers, qui n'ont pas de bonnes
pendules à secondes ou à équation, s'en servent
pour régler leurs montres, et remettre à l'heure
vraie les différentes pendules ou horloges con-
fiées à leurs soins. (*Hist. de la Mes. du Tems*,
tom. 1, pag. 256.)

ARTICLE III.

De l'usage du petit cadran (d'avance et
retard.)

POUR le bien concevoir, il faut pouvoir se
rendre raison de l'effet qu'on produit, quand
on tourne la petite aiguille qui est dessus. Pour
cela, il est bon de remarquer d'abord que le ba-

lancier, aidé du ressort spiral, est précisément dans le cas d'une corde d'instrument, puisque l'un et l'autre sont des masses faisant des vibrations par le secours de la force élastique. Or que fait-on, quand on veut accroître le nombre des vibrations d'une corde dans un certain tems? On la raccourcit, parce que, toutes choses d'ailleurs égales, la durée des vibrations d'une corde est toujours dans le rapport de sa longueur. Pour augmenter le nombre des vibrations du balancier dans un certain tems, c'est-à-dire, pour accélérer le mouvement d'une montre, il faut donc raccourcir le ressort spiral; et au contraire, pour la faire retarder, la vîtesse du mouvement des roues, et par conséquent des aiguilles, étant toujours relative à la durée des vibrations du balancier.

Or c'est ce qui se fait en tournant la petite aiguille de rosette. Au moyen d'une roue qui est dessous, on fait mouvoir un râteau, qui porte une queue, où sont ajustées deux petites chevilles, entre lesquelles la lame du spiral passe, et qu'elle choque à chaque vibration.

Voici les attentions qu'il est bon d'apporter dans cette opération. Si pendant plusieurs jours on s'aperçoit que sa montre retarde, pour l'avancer, il faudra tourner l'aiguille de gauche à droite, c'est-à-dire, dans le sens où l'on ferait mouvoir l'aiguille des minutes sur le cadran, pour l'avancer; dans celui où l'on tournerait la main pour faire avancer un écrou , une vis ; dans celui enfin où les nombres vont en augmentant sur le cadran : ensuite on remettra la montre à l'heure sur la pendule. On opérera dans le sens contraire, si la montre a avancé, et on continuera la même chose dans l'un et l'autre cas, jusqu'à ce qu'elle soit entièrement réglée.

Je ferai observer en passant, qu'il faut tourner l'aiguille de rosette (d'avance et retard), ainsi que celle des minutes, en mettant la clef sur le carré que l'on voit au-dessus de ces aiguilles ; qu'on ne doit jamais les faire mouvoir avec le doigt, surtout celle des minutes , parce qu'on court risque alors de la fausser, de la faire frotter au cadran ou au cristal , de déranger son accord avec l'aiguille des heures , de salir le cadran , etc.

Plusieurs montres n'ont point d'aiguilles sur le petit cadran d'avance et retard : c'est le cadran même qui tourne. Telles sont les montres anglaises ou à l'anglaise , qui, à la circonférence du cadran, ont une flèche, ou petite pointe servant d'*index* , pour montrer de combien on fait tourner ce cadran : l'opération est la même que s'il y avait une aiguille ; ainsi, pour faire avancer la montre, on tournera le petit cadran , comme on aurait tourné l'aiguille , c'est-à-dire, de l'épaisseur d'un millimètre à chaque fois , tournant moins à mesure que l'erreur diminue. Par l'article premier, la montre sera réglée , lorsqu'elle ne s'écartera de la pendule qu'on a choisie pour la comparer, que d'une minute en vingt-quatre heures.

On ne doit point tourner l'aiguille du petit cadran d'une montre, sans être certain de son erreur. Si, par exemple, ayant été bien pendant trois mois, cette montre se trouvait déréglée de quelques minutes par quelque exercice violent qu'on aurait fait, il suffirait de la remettre à l'heure ; car une montre ne peut aller juste, étant fort agitée.

Si l'on veut régler sa montre par un bon cadran solaire, afin de pouvoir bien l'orienter, on tracera une ligne méridienne sur un plan horizontal, par quelqu'une des méthodes que nous indiquerons ci-après.

ARTICLE IV.

De quelques précautions à prendre en portant ou posant sa montre.

Il est bon qu'un homme porte sa montre dans un gousset peu profond ; qu'une femme ait une chaîne courte à la sienne, pour éviter la trop grande agitation.

On doit aussi suspendre sa montre de manière qu'elle soit fixe, et qu'elle ne puisse acquérir de mouvement, ni faire de vibrations, par l'action du balancier, comme cela arrive quelquefois ; car, en ce cas, le mouvement communiqué à la montre diminuant la vitesse du balancier, elle retarde nécessairement.

Le cadran d'une montre portée dans le gousset, doit être tourné en dehors du corps, parce qu'une montre bien faite est réglée sur le plat (*), situation où elle se retrouve dans le gousset d'un homme assis. Lorsqu'on la quitte, on doit la suspendre à un clou, parce que sa pesanteur l'y tient toujours dans la même direction, et qu'alors le balancier est situé avantageusement pour la justesse et la durée de la montre, qui est alors plus en sureté, et dont la boîte est moins en danger d'être rayée.

Une montre ne doit être ni ouverte, ni laissée à la poussière; il faut la garantir de la poudre des perruques et de l'haleine. Il est impossible de la tenir toujours dans une même température; mais, autant qu'on le peut, il faut l'y conserver, afin que l'huile ait toujours la même fluidité. Si donc un homme quitte sa montre pendant l'hiver, il doit la suspendre à la cheminée, afin qu'elle ait une chaleur approchant de celle du gousset. Il faut aussi, autant qu'on le peut, remonter sa montre à la même heure, afin de prévenir l'effet des petites inégalités qui pourraient se trouver dans la fusée.

(*) Elle doit l'être dans toutes les positions.

PREMIÈRE REMARQUE.

J'AI dit ci - devant qu'en général une montre était bien réglée, quand elle n'avançait ou ne retardait que d'une minute en vingt-quatre heures. Cependant, si elle est médiocre, on doit être content si l'erreur n'excède pas deux ou trois minutes. Il n'en est pas de même d'une bonne, surtout lorsqu'elle a été nettoyée nouvellement : en ce cas, elle pourrait bien aller à une demie ou un quart de minute près par jour dans l'été ; mais en hiver, il faudrait lui passer la minute, et peut-être plus dans les fortes gelées. On s'approche alors d'un grand feu, dont l'action l'échauffe ; on la quitte ensuite, on l'accroche dans un lieu froid : ces vicissitudes ne peuvent qu'altérer sa justesse.

DEUXIÈME REMARQUE.

CEUX qui conduisent les horloges publiques, les remettent avec le soleil à leur volonté, les uns tous les dix ou douze jours, les autres de quinze en quinze, ou de mois en mois. Ce manque de concert cause une partie de l'intervalle qu'on remarque ordinairement entre la même heure qu'elles sonnent. L'exemple suivant va le prouver.

Si celui qui a soin de l'horloge du Palais la met avec le soleil le 1er décembre, et que celui qui a soin de l'horloge de la Samaritaine ne la mette que le 15 du même mois, il est sûr que l'horloge du Palais sonnera l'heure le 15, sept minutes avant celle de la Samaritaine, parce que le soleil se trouvera retardé de sept minutes le 15 ; mais si on y remet le lendemain l'horloge du Palais, ces deux horloges, qui sonnaient la même heure, le 15, sept minutes l'une après l'autre, se trouveront, le 16, sonner ensemble.

De là on peut tirer cette conséquence, que si une montre a suivi une horloge publique plusieurs jours de suite, et qu'après cela elle se trouve en différence de quelques minutes, il faut considérer si l'horloge qu'elle a suivie n'a point été remise avec le soleil.

N. B. Les horloges publiques de Lepaute, les seules que l'on puisse prendre pour objet de comparaison, suivent le tems vrai par la nature de leur construction, et ne peuvent exposer à de semblables erreurs.

TROISIÈME REMARQUE.

Sur les Répétitions.

Il est dangereux de tourner l'aiguille d'une répétition pendant qu'elle sonne ; mais il ne l'est point de la tourner à rebours : au contraire, lorsqu'on met une montre à l'heure, la meilleure manière est de tourner l'aiguille des minutes par le plus court chemin. Il n'y a que les réveils et les anciennes horloges à sonnerie où il soit dangereux de tourner l'aiguille à gauche.

QUATRIÈME REMARQUE.

A côté du coq des répétitions est une petite aiguille dont le bout répond à des divisions gravées entre deux petits arcs de cercle, à l'extrémité desquels sont une L et un V. Cette aiguille sert à faire aller la sonnerie plus vîte ou plus lentement. Pour cela, l'on fait entrer sur son arbre, qui est carré, le bout de la clef, et on la tourne du côté de L, pour faire sonner plus lentement, ou de celui du V, pour faire sonner plus vîte.

CINQUIÈME REMARQUE.

Si, par quelque accident, il arrivait qu'une montre à répétition répétât une heure différente de celle marquee sur son cadran, il serait facile d'y remédier, en tournant, avec quelque attention, l'aiguille des heures, sans celle des minutes, sur l'heure répétée, et la remettant ensuite à l'heure par l'aiguille des minutes, c'est-à-dire par le carré qui est au-dessus. Afin que les aiguilles conservassent bien leur accord, il serait bon de mettre, avant l'opération, l'aiguille des minutes sur 60.

SIXIÈME REMARQUE.

Sur les Montres à secondes.

Il faut toujours qu'une montre de cette espèce ait une petite détente pour l'arrêter quand on le souhaite. Sans cette pièce, que beaucoup d'horlogers omettent, une montre à secondes devient inutile pour la plupart des opérations énoncées dans la précédente partie. On ne peut pas même la mettre à la seconde, car l'aiguille qui les marque est trop faible ; en la tournant, on courrait risque de la fausser et de la faire accrocher aux autres aiguilles.

Pour mettre une montre sur la seconde, il faut, 1° l'arrêter par la détente, lorsque l'aiguille des secondes est sur 60 ; mettre ensuite l'aiguille des minutes, avec la clef, aussi sur le nombre 60, et en avance à la pendule à secondes sur laquelle on veut la régler, et quand la montre et la pendule se trouvent ensemble, faire partir la détente.

SEPTIÈME REMARQUE.

Pour les Voyageurs.

Il serait injuste à un homme qui voyage, d'exiger de sa montre une aussi grande précision que quand il reste dans le même lieu, à

L

cause du mouvement continuel où elle est alors exposée. Il y a plus : s'il fait route vers l'occident ou l'orient, sa montre irait fort mal, si elle se trouvait à l'heure partout où il séjourne ; elle doit paraître avancer dans le premier cas, et retarder dans le dernier, à raison de quatre minutes par degré.

Lors donc que le voyageur veut savoir si sa montre va juste, il faut qu'il sache la longitude de la ville où il se trouve, qu'il la compare à celle de l'endroit d'où il est parti, pour voir si la différence entre l'heure de sa montre et celle du lieu où il est, répond à la différence des longitudes. Si, par exemple, étant parti de Paris, il est arrivé à Vienne en Autriche, il doit trouver sa montre en retard de près d'une heure, parce que Vienne étant plus oriental que Paris de 14 degrés 2′ 1/2 , il est 12 heures 56′ 10″ à Vienne, lorsqu'il n'est que midi à Paris, etc.

Pour mettre ces différences sous les yeux, et fournir aux personnes qui voyagent les moyens de régler leurs montres et de connaître leur exactitude ou leurs variations, nous plaçons ici une table qui montre l'heure qu'il est dans les principales villes de l'Europe, lorsqu'il est midi à Paris.

TABLE *des Latitudes de quelques Villes principales, et de leur différence de méridien par rapport à l'Observatoire de Paris.*

Noms des lieux.	Noms des contrées.	Latitudes.				Différence en tems.			
		D.	M.	S.		H.	M.	S.	
Amsterdam	Hollande	52	25	5	N.	0	10	10	E.
Bâle......	Helvétie.	47	33	34	N.	0	21	1	E.
Besançon..	France..	47	14	12	N.	0	14	51	E.
Cherbourg.	*Idem*....	49	38	31	N.	0	15	49	O.
Constantin.	Turq. E.	41	1	27	N.	1	46	20	E.
Dublin....	Irlande..	53	21	11	N.	0	34	36	O.
Edimbourg	Ecosse..	55	57	57	N.	0	22	2	O.
Florence..	Etrurie..	43	46	30	N.	0	34	54	E.
Gênes.....	France..	44	25	0	N.	0	26	32	E.
Genève....	*Idem*....	46	12	0	N.	0	15	14	E.
Hambourg.	Allemag.	53	34	8	N.	0	30	32	E.
Iéna......	*Idem*....	50	56	28	N.	0	37	8	E.
Kœnisberg.	Prusse..	54	42	12	N.	1	12	36	E.
Lisb., *obs*	Portugal	38	42	18	N.	0	45	55	O.
Londres...	Angleter.	51	30	49	N.	0	9	43	O.
Mad. *G. P.*	Espagne.	40	24	57	N.	0	24	9	O.
Milan, *obs*.	Roy. d'It.	45	27	59	N.	0	27	25	E.
Nancy....	France..	48	41	55	N.	0	15	21	E.
Oxford, *ob*.	Angleter.	51	45	40	N.	0	14	23	O.
PARIS, *obs*.	France..	49	50	14	N.	0	0	0	
Pétersbour.	Russie E.	59	56	23	N.	1	51	56	E.
Ratisbonne	Allemag.	49	0	0	N.	0	39	6	E.
Rome, *s. P.*	France..	41	53	54	N.	0	40	30	E.
S.-Claude.	*Idem*....	46	23	18	N.	0	14	7	E.
Strasbourg	*Idem*....	48	34	56	N.	0	21	38	E.
Turin, *p. C.*	*Idem*....	45	4	14	N.	0	21	20	E.
Verdun...	*Idem*....	49	9	24	N.	0	12	11	E.
Venise....	Roy. d'It.	45	25	35	N.	0	40	3	E.
Vienne....	Allemag.	48	12	30	N.	0	56	10	E.

HUITIÈME REMARQUE.

Sur le tems qu'une montre peut marcher sans être nettoyée.

Une bonne montre va ordinairement bien, tant que l'huile se conserve à ses pivots. Mais quand une fois elle s'en est évaporée, soit par l'action de l'air, soit par la chaleur du gousset, ce qui arrive quelquefois au bout de trois ou quatre ans au plus, alors elle tombe en usure, les pivots se rouillent et rongent leurs trous. En ce cas, elle s'use plus en six ou sept ans qu'elle ne le ferait en cinquante, si, comme à l'ordinaire, on la nettoyait tous les deux ou trois ans.

Cette précaution est d'autant plus nécessaire, qu'à mesure que les parties les plus fluides de l'huile s'évaporent, il se détache aussi quelques particules des parties frottantes des pivots et des trous, et qu'il s'introduit des atômes avec l'huile : tout cela s'amalgame ensemble et forme une pâte gluante qui détruit les pivots. J'ai vu une excellente horloge astronomique de Lepaute entièrement dégradée pour l'avoir fait marcher trop longtems dans un observatoire sans la faire nettoyer.

REMARQUES SUR LES PENDULES.

Des précautions à prendre pour régler les Pendules.

PREMIÈRE REMARQUE.

Pour faire avancer ces machines, il faut raccourcir le pendule; c'est-à-dire, faire monter la lentille au moyen de l'écrou qui est au bas, en le tournant dans le sens où l'on tournerait l'aiguille du cadran, pour la faire avancer, ou dans celui où l'on tourne la main pour remonter les ressorts. On doit la régler ainsi peu à peu : pour la faire retarder, c'est le contraire.

Pour donner une idée de la quantité dont on doit alonger ou raccourcir le pendule, je ferai remarquer que si on raccourcit d'une ligne le pendule qui bat les secondes, l'horloge avancera d'une minute trente-huit secondes dans l'espace de vingt-quatre heures ; et que la quantité d'un quart de ligne de raccourcissement sur un pendule qui bat les demi-secondes, procurera à l'horloge où il est appliqué, la même quantité d'une minute trente-huit secondes d'avancement dans le même espace de vingt-quatre heures.

D'autres pendules se règlent par un petit carré

qui est au dessus du cadran ; c'est encore la même chose. Enfin, soit dans les montres, soit dans les pendules, il faut toujours tourner dans le sens où l'on avancerait les aiguilles du cadran pour avancer, et dans celui où on les ferait rétrograder pour retarder.

DEUXIÈME REMARQUE.

Il n'y a aucun danger à faire rétrograder les aiguilles dans les pendules appelées *tirages*. Il faut le faire avec circonspection dans celles qui sonnent d'elles-mêmes, ou plutôt ne le point faire, quand on ne connaît pas un peu la machine.

Une pendule peut marcher environ quatre ans sans être nettoyée.

SEPTIÈME PARTIE.

Des Mesures naturelles du Tems, et des Méthodes pour régler les Montres et les Pendules par leur moyen.

ARTICLE PREMIER.

Remarques sur le Mouvement diurne de la Terre.

La révolution de la terre sur son axe nous fournit la plus parfaite de toutes les mesures du tems, parce que c'est celui de tous les mouvemens connus qui est le moins variable et le moins altéré ; car, 1° un globe qui se meut sur son axe, n'éprouve qu'une résistance très petite du milieu dans lequel il tourne ; 2° cette résistance, si elle avait lieu, s'anéantirait encore par la masse prodigieuse de la terre ; 3° selon Newton, ce milieu n'est autre chose que le vide. On suppose donc cette révolution parfaitement égale, soit pour le tems où nous sommes, soit pour les siècles passés.

C'est pour cela que les astronomes regardent les révolutions diurnes du soleil et des étoiles fixes, comme les mesures du tems les plus parfaites, et que nous réglons sur elles nos ouvrages d'horlogerie.

« Cependant l'inégalité des rotations de la terre pourrait aller à deux ou trois secondes dans l'espace d'un an, sans qu'il fût possible de s'en apercevoir par les observations. Ces rotations pourraient être plus ou moins longues actuellement que dans les siècles passés, sans que la différence fût sensible. Il faudrait avoir déterminé pendant plusieurs siècles, la longueur du pendule simple qui sert à mesurer les jours, pour avoir lieu de présumer que les durées des rotations de la terre sont constantes, et il pourrait encore arriver que le pendule fût constant, malgré le changement de la rotation de la terre. »

Pour éviter les réfractions astronomiques, on compte ordinairement ces révolutions de l'instant où le soleil et les étoiles passent par le méridien. C'est pourquoi nous allons exposer les moyens les plus simples de faire une méridienne.

ARTICLE II.

Tracer une méridienne sur un plan horizontal.

Pour avoir une *méridienne*, c'est-à-dire, un instrument au moyen duquel nous puissions connaître quand le soleil, passant par le méridien et étant à la plus grande hauteur, marque le midi ou le milieu du jour, il faut trouver trois points dans le plan du méridien : le trou de la plaque par où passe l'image du soleil, peut être regardé comme le premier, et les deux autres forment les extrémités de la méridienne. De ces trois points, deux sont donnés par le fil à plomb, toujours dans le plan du méridien; le troisième se trouve de la manière suivante, lorsque la méridienne est horizontale.

Après avoir attaché dans l'endroit convenable, la plaque de tôle, par le centre de laquelle doit passer l'image du soleil, on laisse descendre un fil à plomb de ce centre sur le carreau : l'endroit où touche ce plomb, terminé en pointe, est le second point de la méridienne : pour trouver le troisième, on choisit le jour d'un solstice, afin d'éviter la déclinaison du soleil, et on suit, une ou deux heures avant et après midi, la trace du bord septentrional ou méridional de l'image du soleil, donnée par le trou de la plaque. On marque exactement cette trace sur le carreau; et du second point, comme centre, on décrit un arc de cercle qui coupe cette trace en deux points également éloignés de ce centre. On cherche ensuite sur ce même arc, un point entre les deux précédens, également éloigné de l'un et de l'autre. De ce troisième point, qui est l'extrémité nord de la méridienne, on mène une ligne

L 2

au second, qui en est l'extrémité sud; et la méridienne est achevée.

Au lieu de tracer une ligne, on pourrait attacher un fil de chanvre ou de métal aux extrémités
de la méridienne; élever même ce fil au-dessus,
pourvu que les choses fussent disposées de manière que chacun des points se trouvât verticalement posé sur la méridienne : cela s'exécute
quelquefois dans des salles. En ce cas, afin
de pouvoir ôter et remettre le fil quand on veut,
on attache un petit poids à chacun de ses bouts,
et on ajuste, à chaque extrémité de la méridienne, un petit morceau de fer, dans lequel
on fait une entaille pour recevoir le fil, qui s'étend
au moyen des petits poids.

Il n'est pas nécessaire d'avertir qu'il faut que
les entailles soient bien verticalement au-dessus
de la méridienne, et que, pour prendre l'heure,
on présente un carton blanc sous le fil.

Si l'on veut tracer une méridienne sur une
fenêtre, il faudra suivre la même méthode, faisant toujours la hauteur du style égale au quart
environ de la longueur que la méridienne pourra
avoir; ce qu'il est facile d'estimer par l'angle
sous lequel nous voyons le soleil dans chaque
tropique.

Première Remarque.

Au lieu de suivre la trace du soleil, on peut commencer par décrire vers l'endroit où l'on juge que doit passer l'image de cet astre, plusieurs arcs de cercle, dont le second point de la méridienne soit le centre. On marquera ensuite sur un ou plusieurs de ces arcs, à droite et à gauche de la méridienne projetée, les points correspondans que le même bord de l'image du soleil touchera en des heures également éloignées de midi. On divisera en deux également l'arc, ou les arcs, compris entre les points correspondans, et ceux des sections seront ceux par lesquels on fera passer la ligne méridienne.

Deuxième Remarque.

Si l'on a une bonne méridienne, ou un cadran solaire, dans le voisinage, on pourra, sans craindre aucune déclinaison, avoir le troisième point de la méridienne de la manière suivante, qui suppose toujours le style posé, et le second point de la méridienne marqué par le fil à plomb. Au moyen d'une bonne montre bien réglée, on ira prendre l'heure au cadran solaire à onze heures : de retour au lieu où l'on veut opérer, si l'on a une bonne pendule, on la réglera sur l'heure de la montre ; et quand il y sera midi juste , on marquera exactement sur le plancher les deux bords de l'image du soleil, l'un à droite et l'autre à gauche. C'est par le milieu de cet intervalle, pris avec un compas exactement , que doit passer la ligne méridienne.

Au lieu d'un cadran solaire , si l'on choisit une méridienne qui ne marque point les quarts avant et après midi , il faudra se faire avertir par des signaux, du tems précis où elle marquera le midi, et faire sur l'image du soleil l'opération précédente.

Si le signal consiste dans le bruit de quelque corps sonore, ou dans celui d'un petard ou d'une boîte, on aura égard au tems que le son doit employer à parcourir la distance du lieu où se fera l'opération , à celui où se donnera le signal , et l'on corrigera le petit retard qui pourrait en résulter dans la méridienne.

ARTICLE III.

Tracer une méridienne sur un mur à plomb.

Par les méthodes précédentes on a facilement une méridienne sur un mur vertical. Après avoir posé le style ou la plaque, il ne s'agit que de marquer, comme on l'a dit ci-devant, les deux bords de l'image du soleil à midi, et de faire passer au milieu une ligne verticale , qu'on facilement au moyen d'un fil à plomb.

On fera d'abord, par la méthode prescrite dans l'article précédent, une méridienne horizontale, qu'on prolongera jusqu'au pied du mur : on tracera sur ce mur une ligne verticale, qui tombera sur la méridienne, et on posera le style ou plaque de manière qu'un second fil à plomb, tombant du centre du trou de cette plaque, rencontre encore par sa pointe la méridienne horizontale.

ARTICLE IV.

Tracer une Méridienne de réflexion.

Il peut arriver que le carreau d'une salle soit peu propre pour y tracer une méridienne ; que le soleil ne puisse pénétrer assez avant dans cette salle, etc. ; et qu'au contraire, son plafond soit très-blanc et très-propre à recevoir l'image réfléchie du soleil : alors on pourra faire une méridienne de *réflexion*.

Au lieu d'employer une plaque percée pour avoir l'image du soleil, on fixera sur la fenêtre, le plus horizontalement qu'il sera possible, et dans l'endroit le plus convenable, un petit miroir de verre ou de métal, d'un diamètre égal environ à celui du trou de la plaque qu'on aurait employée. Par ce moyen, on aura sur le plafond une image réfléchie du soleil.

Cela étant exécuté, on fera descendre du plafond un fil à plomb, dont l'extrémité terminée en pointe, tombera au centre du miroir. L'extrémité supérieure de ce fil sera, comme on le sent bien, le second point de la méridienne, le centre du miroir étant le premier. Pour avoir le troisième, c'est-à-dire, l'extrémité nord de la ligne méridienne, on suivra les méthodes précédentes, opérant sur le plafond, comme on faisait ci-devant sur le plancher.

Au lieu du miroir, on pourra faire dans la fenêtre un petit creux rond, que l'on remplira d'eau ou de mercure. On sera plus sûr alors que ce nouveau miroir sera bien de niveau, ce qui est nécessaire pour ce genre de méridiennes.

ARTICLE V.

Tracer une Méridienne par le secours de l'étoile polaire.

» L'ÉTOILE polaire n'étant éloignée du pôle que d'environ deux degrés, elle désigne toujours à peu près le nord, en quelque tems qu'on l'observe ; mais si l'on choisit l'instant où elle e dans le méridien, quand on s'y tromperait même de plusieurs minutes, on aura, par le moyen d. cette étoile, la direction du méridien avec un très-grande précision. Il suffira d'élever deux fil à plomb, le long desquels on puisse viser ou s'aligner à l'étoile. En faisant cette opération deux fois, quand l'étoile est le plus à l'orient et le plus à l'occident, et prenant le milieu, on aurait exactement la méridienne.

» Il y a une manière commode pour trouver, sans aucun calcul, le tems où l'étoile polaire passe au méridien. Il suffit d'observer le tems où elle est dans le vertical de la première des trois étoiles de la queue, ou celle qui est la plus voisine du carré de la grande Ourse. On a reconnu que cette étoile est opposée à l'étoile polaire, de façon qu'elles passent au méridien ensemble, l'une au-dessus du pôle, l'autre au-dessous ; ainsi, quand elles sont l'une au-dessous de l'autre, ou qu'elles sont ensemble dans un même vertical, dans un même à plomb, on est sûr qu'elles sont toutes les deux au méridien : si dans ce moment on aligne deux fils ou deux règles verticales vers ces deux étoiles, les deux objets, ainsi alignés, seront dans le méridien, et marqueront sur le parquet la direction de la méridienne.

» Cette opération peut se faire, surtout dans le crépuscule, au mois de mai et au mois de juin, avec deux fils à plomb, de manière à ne pas se tromper de quatre minutes sur le tems où ces deux étoiles passent dans le même vertical, et quatre minutes d'erreur ne feraient pas un quart de minute sur le moment du midi qu'on observerait ensuite par le moyen de cette méridienne ; mais si l'on ne prenait pas l'heure du passage de l'étoile polaire au méridien, on pourrait commettre une erreur de 2° 50′ sur la direction de la méridienne, et il en résulterait un quart-d'heure d'erreur sur un cadran horizontal.

» Ces deux étoiles passaient exactement ensemble dans le méridien, en 1751 ; mais l'étoile de la grande Ourse devance l'autre de 1′ 13″ 1/2 tous les dix ans ; et au mois de mai 1811 , elle passera 7′ 21″ plutôt que l'étoile polaire. Si donc on aspirait dans cette opération à une extrême exactitude , il faudrait d'abord s'assurer , par le moyen de deux fils à plomb, du moment où les deux étoiles ont passé par le même vertical ; attendre ensuite 7′ 21″, et diriger alors les deux fils à plomb à l'étoile polaire seule, sans égard à la première étoile, qui aura déjà passé au-delà du vertical et du méridien. »

ARTICLE VI.

Méthode facile pour tracer avec exactitude une Méridienne sur une surface quelconque.

Suivant cette méthode , on posera d'abord le style ou plaque , et on fera descendre librement du centre du trou de cette plaque, une ficelle, au bas de laquelle sera attachée une balle de plomb. On aura soin que la ficelle soit assez grosse pour projeter son ombre jusques sur le plan ou la surface sur laquelle on voudra tracer la ligne méridienne. A l'heure de midi , qu'on aura par un des moyens dont nous avons parlé ci-devant, on marquera deux points de l'ombre de la ficelle éloignés l'un de l'autre, ou une suite de points, si la surface est inégale. On fera passer par ces points une ligne qui se confondra avec l'ombre de la ficelle, et la méridienne sera achevée.

Première Remarque.

Si l'on desirait seulement la ligne méridienne, il suffirait de suspendre une ficelle à quelque point fixe, devant l'endroit où l'on voudrait qu'elle fût tracée, et de marquer divers points de son ombre à midi, etc. Je ne fais cette remarque, que parce qu'il est souvent nécessaire de pouvoir avoir facilement une méridienne, soit pour connaître la déclinaison du plan, ou pour d'autres usages.

Deuxième Remarque.

Il est évident que, par la méthode précédente, on a aisément, et avec une exactitude qu'on obtiendrait très-difficilement par quelqu'autre voie que ce fût, une ligne méridienne, qui, d'un plan horizontal, passe sur un vertical, ou sur un plan incliné, déclinant, réclinant, etc.; en un mot, sur une surface quelconque. Cette observation devient d'une grande utilité pour bien poser l'axe des cadrans.

Troisième Remarque.

Si l'on a un corps qui présente une ligne bien verticale, l'angle d'un mur ou du côté d'une croisée, par exemple, on pourra, par son moyen, avoir une méridienne, cet angle pouvant tenir lieu de la ficelle dont nous venons de faire usage.

ARTICLE VII.

Méthode pour tracer un Cadran équinoxial.

Pour entendre facilement l'art de tracer des cadrans solaires, commençons par le plus simple de tous, celui dont le plan est parallèle à l'équateur, et que pour cette cause on nomme *cadran équinoxial*.

Supposons le plan donné : son axe ou la flèche destinée à marquer l'ombre, ne sera pas fort difficile à élever, car il doit être parallèle à l'axe sur lequel la terre tourne, c'est-à-dire, perpendiculaire au plan de l'équateur, que représente celui du cadran équinoxial. Or, il est mille moyens pour élever perpendiculairement une ligne ou un style sur une surface plane.

Il ne nous reste donc plus qu'à tracer sur le plan de ce cadran, les lignes horaires.

Cette opération deviendra fort simple, lorsque nous aurons observé que la distance du soleil à nous, qui est de trente-quatre millions de lieues, est si grande par rapport au demi-diamètre de notre terre, qui n'est que d'environ quinze cents lieues, que nous pouvons, selon un des principes fondamentaux de la Gnomonique, négliger ces quinze cents lieues sans erreur sensible, et regarder l'axe de notre cadran, comme faisant partie de celui du monde.

Cela posé, pour avoir nos lignes horaires, nous ferons d'abord, suivant une des méthodes ci-devant prescrites, une méridienne sur le plan, ensuite nous attacherons un fil à l'axe; et, le tenant tendu, nous décrirons un cercle avec son extrémité, que nous diviserons en vingt-quatre parties égales, le soleil, par son mouvement apparent, parcourant un espace égal dans chaque heure; nous aurons attention que la méridienne tracée fasse une des divisions; nous tirerons une ligne du pied de l'axe à chacun des points donnés par cette division; nous écrirons à l'extrémité de chaque ligne l'heure qu'elle indique, et tout sera fini.

Le cadran que nous venons de tracer ne peut servir que dans les six mois de l'année où le soleil est dans la partie septentrionale de son orbite, le plan de ce cadran restant dans l'ombre les six autres. C'est pourquoi, si l'on emploie une plaque de métal pour le faire, on en trace un sur chaque plan. Le supérieur est appelé *cadran équinoxial supérieur.*

ARTICLE VIII.

Méthodes aisées pour tracer toutes sortes de Cadrans.

Sɪ nous nous représentons plusieurs plans transparens différemment inclinés à celui de l'équateur, et tellement posés dessous ou dessus le cadran que nous venons de décrire, que son axe les traverse tous, il est clair que pour avoir un cadran sur chacun de ces plans, il ne faudra qu'y marquer les lignes formées par l'ombre de l'axe lorsqu'elle occupe successivement sur le cadran équinoxial les lignes horaires.

Il est encore évident que l'ombre des corps se projetant en ligne droite, si, ayant attaché un fil au sommet de l'axe, on pouvait le faire passer comme elle à travers tous ces plans en le faisant successivement répondre aux divisions du cadran équinoxial, on pourrait tracer par son moyen tous les cadrans ci-dessus, comme nous l'avons fait au moyen de l'ombre.

Cette considération fait d'abord naître l'idée d'un expédient par lequel on tracera avec la plus grande facilité toutes sortes de cadrans.

Selon cette méthode, dont M. Wolf a parlé dans sa Gnomonique, il faut commencer par poser l'axe parallèlement à celui de la terre, ou perpendiculairement au plan de l'équateur : on le placera ainsi, en lui faisant faire un angle de 48° 50′ avec l'horizon, ou de 41° 10′ avec le fil à plomb (à la latitude de Paris), en dirigeant vers le Nord son extrémité supérieure et en le mettant dans le plan du méridien.

Pour l'y placer, il faut tracer d'abord, par la méthode que nous avons indiquée à l'article VI de cette septième partie, une méridienne qui soit partie horizontale et partie verticale ; on fixera ensuite l'axe dans le mur en un point de la verticale, de manière qu'un fil à plomb tombe de l'extrémité libre de cet axe sur la partie horizontale de la méridienne.

Ou bien, par le secours d'une boussole ou par quelque autre moyen plus exact, on aura la déclinaison orientale ou occidentale du plan, et on fera faire à l'axe des angles, avec ce plan, semblables à ceux que l'axe du monde forme avec ce même plan : mais je crois la première méthode plus simple, plus facile et plus parfaite.

L'axe posé, pour tracer le cadran on aura un cercle aussi grand que faire se pourra, exactement divisé en vingt-quatre parties et percé à son centre, où l'on adaptera un canon d'une longueur suffisante : on ajustera ce canon sur l'axe ; en telle sorte que cet axe, qui excédera le cercle à volonté, soit parfaitement perpendiculaire à sa surface, et qu'une des divisions de ce cercle soit précisément dans le méridien de l'axe : pour cet effet, on fera répondre une division sous un fil à plomb tombant de l'axe.

Ce cercle étant parallèle à l'équateur et perpendiculaire à l'axe du monde, est évidemment un cadran équinoxial ; ainsi, pour tracer notre cadran par son moyen, nous n'aurons qu'à suivre la méthode précédemment indiquée.

Prenant donc l'extrémité d'un fil attaché au sommet de l'axe, et la tirant pour le tendre, on portera ce fil sur les divisions du cercle et en même tems son extrémité sur le plan, ayant soin qu'il fasse toujours une ligne bien droite. On marquera les points indiqués par cette extrémité ; ensuite, de chacun d'eux et du *centre du cadran*, c'est-à-dire du point où l'axe rencontre le mur, on tirera une ligne droite, et le cadran sera fait : il n'y aura plus qu'à écrire à l'extrémité de chaque ligne horaire l'heure qu'elle indiquera. On sent bien que celle qui est dans le méridien de l'axe est le midi.

Au lieu d'un fil on pourra se servir, comme M. Wolf l'enseigne, d'une lumière qu'on portera à quelque distance de l'axe, de manière que son ombre réponde successivement sur les divisions du cercle équinoxial et en même tems sur le mur ; on marquera d'un point ou, si le plan n'est pas droit, d'une suite de points, les parties du plan que l'ombre couvrira ; on tirera les lignes horaires du centre du cadran, qui passeront par ces points, etc.

Voici une seconde méthode plus aisée en-core.

L'axe posé, on aura une pendule à secondes bien réglée, et on marquera l'ombre de cet axe sur le plan à chaque heure du jour, ou même à chaque demie, à chaque quart, à chaque mi-nute, etc., marqué par la pendule : on écrira les heures en leur place, et le cadran sera fait.

Cette pratique rend bien des calculs et du savoir inutiles; cependant, si l'on fait attention qu'une pendule bien réglée n'a souvent pas une seconde de variation en vingt-quatre heures; si l'on considère les erreurs qui doivent résulter des opérations et des instrumens auxquels il faut recourir dans les autres pratiques, celles qui peuvent naître encore des réfractions infiniment plus grandes par les méthodes ordinaires que par celles-ci, puisque les lignes horaires sont ici fixées par les rayons du soleil réfrangis, au lieu que, pour l'ordinaire, on néglige les réfractions; si, dis-je, on fait attention à toutes ces choses, cette dernière méthode paraîtra peut-être la plus par-faite de toutes.

On sent assez combien il est essentiel que la pendule soit bonne, parfaitement bien réglée, et mise à l'heure sur le méridien du lieu.

Pour plus de précision, il faut choisir un jour où le baromètre soit à une hauteur moyenne, c'est-à-dire aux environs du serein, terminer l'axe par une pointe dont l'ombre détermine les lignes

qu'on trace sur le cadran, et prendre les jours
de l'année où le mouvement du soleil n'est pas
sensiblement accéléré ou retardé sur celui des horloges à secondes ; tels sont, par exemple, les 11
février, 15 mai, 25 juillet, 1er novembre, etc.

On peut observer en faveur des pratiques simples ci-devant exposées, que par leur moyen
on fera sur toutes sortes de surfaces, des cadrans
assez justes pour l'usage civil ; chose fort difficile
à exécuter par des méthodes plus savantes.

Dans tout ce qui précède, nous avons regardé
la flèche ou aiguille comme faisant partie de l'axe
du monde ; nous l'avons supposée marquant les
heures par toute sa longueur, et rencontrant le
centre du cadran où l'axe du monde est censé
passer, et où se rendent toutes les lignes horaires ; c'est pourquoi nous l'avons toujours nommée *axe*.

Mais il y a des cadrans dont la flèche ne rencontrant point le centre, marque seulement par
son extrémité ; d'autres montrent l'heure par une
plaque percée, etc. La flèche ou aiguille, la
plaque, etc., reçoivent alors le nom de *style*.

Pour tracer un cadran de cette espèce, on aura
une ligne parallèle à l'axe du monde, formée par
une ficelle, une règle, etc., qui, de l'extrémité
du style, ira rencontrer le plan en un point centre
du cadran, et où se rendront par conséquent
toutes les lignes horaires. Il n'y a que les cadrans
dont le plan est parallèle à l'axe du monde qui
n'ont

n'ont point de centre, et où les lignes horaires ne se rencontrent point.

On pourrait s'étendre davantage sur l'art de tracer des cadrans, mais ce serait trop peu présumer de l'intelligence des lecteurs; d'ailleurs, dans ce cas-ci comme dans beaucoup d'autres, lorsqu'on a bien saisi le principe, il est toujours plus satisfaisant, souvent même plus aisé, d'en faire l'application soi-même en se représentant bien la chose, que de s'attacher à un auteur qui rarement dans ses idées suit la marche des nôtres : on doit en cela imiter la conduite des grands géomètres, selon M. d'Alembert, *Eloge de M. Bernoulli*, ils se lisent peu; il leur est moins pénible de résoudre les problèmes que d'en suivre la solution dans les autres. Cette considération me fait espérer qu'on voudra bien suppléer à quelques explications sur lesquelles les bornes que je me suis prescrites ne m'ont pas permis de m'étendre.

Ceux qui desireront approfondir ce sujet et se mettre à portée de tracer des cadrans par le calcul et les méthodes trigonométriques, pourront consulter l'ouvrage de M. Deparcieux sur la Gnomonique, celui de don Bedos, de Rivard, etc.

M

ARTICLE IX.

Des Gnomons ou Méridiennes.

« On appelle gnomon une hauteur perpendiculaire prise au-dessus d'une méridienne horizontale et terminée au sommet par une pointe ou
par un petit trou qui donne passage au rayon du
soleil. On mesure sur la méridienne la distance
entre l'image lumineuse du soleil et la verticale
qui marque le pied du style ou gnomon, et l'on
a la tangente de la distance du soleil au zénit,
la hauteur du style étant prise pour rayon.

» Soit AB (fig. 4) un gnomon, un style quelconque elevé verticalement, ou une ouverture A
faite dans un mur AB pour laisser passer un
rayon du soleil ; soit SAE le rayon au solstice
d'hiver, BE l'ombre du style ; OAC le rayon
au solstice d'été, et BC l'ombre solsticiale la plus
courte ; dans le triangle ABC rectangle en B,
et dont on connaît les côtés AB, BC, il n'est
pas difficile de trouver le nombre de degrés que
contient l'angle ACB, qui exprime la hauteur du
soleil au solstice d'été ; on en fera autant pour le
triangle ABE, et l'on aura l'angle E égal à la
hauteur du soleil au solstice d'hiver. C'est ainsi
que, suivant Pythéas, la hauteur du gnomon
était à la longueur de l'ombre en été, à Bizance

et à Marseille, 320 ans avant notre ère, comme
120 sont à 41 4/5. Il suffit de faire un triangle
comme ABC, dont AB soit de 120 parties et
BC de 41 parties 4/5 ; on trouve avec un demi-
cercle sur le papier, ou par le moyen de la trigonométrie rectiligne, en employant le calcul,
que l'angle C est de 78 degrés 48 minutes ; c'est
la hauteur du soleil.

» L'observation des hauteurs méridiennes du
soleil, par le moyen du gnomon ou de la longueur des ombres, a dû être une des premières
méthodes employées pour mesurer l'année et le
retour des saisons ; cette méthode paraît avoir
été fort en usage chez les Egyptiens, les Chinois, etc.

On voit encore à Rome les vestiges d'un magni-
fique obélisque qu'Auguste avait fait élever dans
le champ de Mars, et dont *Manlius* profita pour
en faire un gnomon. Pline dit qu'il avait 116
pieds 3 quarts, et qu'il marquait les mouvemens du soleil. *Ei qui est in campo, Divus
Augustus addidit mirabilem usum ad deprehen-
dendas solis umbras, dierumque ac noctium
magnitudines, etc.* (Lib. 36, cap. 9, 10 et 11.)
Cet obélisque avait été fait par les ordres de
Sésostris, roi d'Egypte, qui vivait 967 ans avant
J. C. (1570 suivant Fréret). On trouve plusieurs
dissertations sur ce sujet dans l'ouvrage de Ban-
dini, *dell' Obelisco di Cesare Augusto*, etc.
à Rome, 1750, *in-folio*.

Ulug-Beg, prince tartare, petit-fils de Tamer-
lan, vers 1430, se servit, à Samarkand, d'un
gnomon aussi élevé que la voûte du temple de
Sainte-Sophie à Constantinople, ou de 180 pieds
romains.

« Paul Toscanelli, vers 1467, pratiqua dans la
fameuse coupole que Brunellesco avait faite à la
cathédrale de Florence, un gnomon de 277 pieds
et demi de hauteur : c'est le plus grand qui existe.
Le P. Ximenès l'a rétabli et en a donné une ample
description : *Del Vecchio e nuovo Gnomone
Fiorentino*, etc. in-4°.

» Il y avait dans l'église de St. Pétrone à Bologne
une ligne tracée près du méridien, en 1575, par
Egnazio Dante : elle déclinait de 9 degrés. D.
Cassini saisit l'occasion heureuse qui se présenta
en 1653, de changer l'ouvrage de Dante et de
construire un gnomon parfait. On travaillait alors
à restaurer et augmenter le temple de St. Pétrone.
Cassini, avec la permission du Sénat de Bologne,
traça dans un autre endroit une véritable méridienne. Perpendiculairement au-dessus de cette
ligne et à la hauteur de 1000 pouces, ou 125 palmes
bolonais, qui font environ 83 pieds 1/2 de Paris,
il plaça horizontalement une plaque de bronze so-
lidement scellée dans la voûte et percée d'un trou
circulaire qui a précisément un pouce de diamètre : c'est par ce trou qu'entre le rayon solaire
qui forme tous les jours à midi, sur la méridienne, l'image elliptique du soleil. Ce magni-
fique ouvrage fut achevé en 1656, assez tôt pour

faire l'observation de l'équinoxe du printems , à laquelle il avait invité les Astronomes.

» Lorsqu'après trente ans de séjour en France Cassini visita sa patrie, il ne manqua pas d'aller reconnaître l'état de son gnomon. Il se trouva que le cercle de bronze qui lui sert de sommet était un peu sorti de la ligne verticale où il devait être, et que le pavé sur lequel était tracée la méridienne s'était un peu affaissé. Cassini rétablit les choses dans le premier état; et Guglielmini fut chargé, pour l'instruction de la postérité, de décrire les opérations. *La Meridiana di S. Petronio revisita*, etc.

» Picard, en 1669, commença une méridienne dans la grande salle de l'Observatoire de Paris : elle a 97 pieds et demi de longueur ; le gnomon a 30 pieds et demi. Cassini le fils (ce nom est presque synonyme en France avec celui de *créateur de l'Astronomie*) la refit en 1730, et elle fut ornée de marbres avec des divisions et des figures pour chaque signe. (*Mém. de l'Acad.* 1730.)

» La méridienne des Chartreux de Rome , aux Thermes de Dioclétien, est la plus ornée que l'on connaisse. Il y a deux gnomons, l'un de 62 pieds et demi de hauteur au midi , l'autre de 75 pieds du côté du nord. Cet ouvrage fut construit par Bianchini en 1701 (*Voy*. sa dissertation *de Nummo et Gnomone clementino*). Le livre publié par Manfredi, à Véronne en 1737; le *Voyage en Italie*, par Lalande, t. IV, p. 311, édit. de Paris, 1786.

» La méridienne de St. Sulpice de Paris fut entreprise en 1727 , par Sully, horloger, qui est inhumé vis-à-vis les portes du sanctuaire, un peu à l'occident de la méridienne. M. Le Monnier l'a refaite en grand avec soin et magnificence (*Mém. acad.* 1743). Le gnomon a 80 pieds de hauteur : il y a un objectif de 80 pieds de foyer. M. Le Monnier est convenu que cette méridienne prouvait une diminution dans l'obliquité de l'écliptique. (*Mém. acad.* 1774).

» M. de Cesaris et M. Reggio ont fait une méridienne dans la cathédrale de Milan : le gnomon a 73 pieds de hauteur (*Eph. de Milan*, 1788.). Ces sortes d'instrumens seraient encore les meilleurs de tous, si les bâtimens étaient immobiles ; mais les grands édifices sont sujets à varier, on en a vu une preuve bien sensible dans les expériences de Bouguer aux Invalides. (*Mem. acad.* 1754).

» La petite ville de Tonnerre est la seule en France où il y ait une grande et belle méridienne, avec la courbe du tems moyen.

» M. Baudouin de Guémadeuc , ancien maître des Requêtes, connu par différens Mémoires, avait choisi Tonnerre pour retraite , dans un revers inopiné de fortune. Il saisit des ressources indépendantes des caprices des hommes, et, dans l'infortune, il fit pour la société ce qu'il n'eût peut-être pas fait dans la prospérité. Il aimait l'Astronomie. L'église de l'hôpital de Tonnerre réunissait tous les avantages possibles pour l'éta-

blissement d'un gnomon, et à cette position lo-
cale se joignait la circonstance favorable de pos-
séder dans cette ville deux savans estimables,
l'avocat Daret, versé dans les calculs astronomiques, et D. Camille Ferouillat, qui, d'après
une pratique consommée de la gnomonique, était
en état de conduire à sa fin une entreprise de
cette nature, et d'en assurer le succès.

» L'administration de l'hôpital approuva le plan
de M. de Guemadeuc ; la marquise de Louvois,
représentant la fondatrice, y donna son consen-
tement. M. de Lalande fit exprès le voyage de
Tonnerre, pour reconnaître la possibilité de l'exécution ; et M. Morel, architecte du prince de
Conti, proposa le plan d'une pyramide antique,
élevée dans le lieu du solstice d'hiver ; enfin, les
magistrats ne voulant pas faire construire aux
dépens des pauvres un monument qui ne pût être
utile qu'aux sciences, proposèrent la voie d'une
souscription, et il en est résulté un beau gnomon
qui imite les fameuses méridiennes dont nous
avons parlé.

» La courbe du tems moyen qu'on a tracée
autour de cette méridienne, est une partie importante que l'on devrait employer partout, car le
tems moyen est le seul que puissent suivre nos
horloges et nos montres. En Angleterre et à
Genève, l'on n'emploie que le tems moyen dans
l'usage civil. »

L'origine des obélisques remonte, suivant Goguet, à l'an 1640 avant J. C. Cet usage a été si

naturel et si général, qu'on en a trouvé des vestiges jusqu'au Pérou. (*Garcilaso de la Vega,
Commentarios reales de los Incas*, tom. 1,
lib. 2, cap. 22, pag. 61.)

Dans un siècle qui compte déjà des monumens
dignes de la Grèce et de Rome, on proposerait
peut-être avec succès d'employer la colonne de la
grande armée aux mêmes usages auxquels Manlius avait approprié l'obélisque du champ de
Mars. C'est le sujet du frontispice.

Lorsqu'on était sur le point d'abattre la colonne
érigée en 1572 par Catherine de Médicis (*), et
dont Sauval fait l'éloge dans son *Histoire des
Antiquités de Paris*, le zèle patriotique de Gresset
lui fit publier un écrit dans lequel il s'opposait
fortement à ce dessein, et le monument fut conservé par les soins et la générosité de M. de Ba-
chaumont. Depuis cette époque, M. Pingré a
construit, vers les deux tiers de la hauteur de
cette colonne, un cadran solaire d'une espèce
singulière, dont il a donné la description en 1758.
Il est fâcheux qu'on ne puisse y reconnaître
l'heure sans avoir son livre à la main, et que ce
cadran soit en quelque sorte inutile au public.

Quel contraste de grandeur et de magnificence
ne présenterait pas la projection d'un cadran sur
la place Vendôme! La méridienne pourrait être

(*) A la Halle au Blé.

tracée sur des carreaux de granit; établis sur des massifs de maçonnerie construits dans cette direction; et la ligne de midi, les degrés de déclinaison, les signes, etc., marqués par des lignes et des caractères de bronze incrustés dans le granit et arasés à son niveau.

Le sommet du gnomon serait établi par une disposition particulière qu'on ne pourrait apercevoir à cette hauteur. — C'est ainsi que je raisonnais au milieu de mes livres; je me flattais déjà d'obtenir la sanction du ministre éclairé qui préside aux arts; mais, hélas! toujours imprudent, malgré les sévères leçons de l'expérience, je n'avais pas jeté les yeux sur le plan de Paris, et je viens de m'assurer que la nouvelle rue aboutissant au boulevard, décline considérablement à l'est, et que la méridienne viendrait échouer vers le premier angle de la place, à l'occident de cette rue, avant le solstice d'hiver; ainsi :

« Dans les biens que le Ciel nous verse,
» Il n'est point de bonheur parfait.
» Vainement cet espoir nous berce;
» Quand nous voulons aller au fait,
» Le diable est là qui nous traverse. »

ARTICLE X.

(*) *De l'Equation du tems.*

« *Le tems vrai* ou *apparent*, qui est marqué par le soleil sur nos méridiennes ou cadrans, et qui s'emploie dans les différens usages de la société suppose que le soleil revient au méridien au bout de 24 heures, et qu'il emploie le même tems à y revenir d'un midi au suivant, que de celui-ci au troisième. Les anciens Astronomes dûrent s'en tenir long-tems à cette supposition ; mais en observant avec plus d'exactitude, on remarqua bientôt que le soleil n'avait pas une marche uniforme, et que le tems vrai, mesuré par une marche inégale, ne pouvait pas être régulier et égal. Ainsi le soleil n'est pas, à proprement parler, une juste mesure du tems dont l'essence est l'égalité ; mais le tems vrai ayant l'avantage de pouvoir être observé continuellement, on s'en sert pour trouver un *tems moyen* et uniforme qui puisse être employé dans les calculs astronomiques.

(*) On appelle en général *équation* dans l'Astronomie, la différence qu'il y a entre une quantité actuelle et la valeur qu'aurait cette même quantité, si elle croissait toujours uniformément et sans aucune inégalité.

» *Le tems moyen* ou *égal* est celui que marquerait à chaque instant une horloge absolument parfaite, qui, dans le cours d'une année, aurait continué de marcher sans aucune inégalité, en marquant midi le premier jour de l'année, et le premier jour de l'année suivante, à l'instant où le soleil est dans le méridien (*) ; cette horloge n'a pas dû marquer également midi avec le soleil à tous les autres jours intermédiaires, car il faudrait pour cela que le soleil eût marché tous les jours avec la même vîtesse : ce qui n'arrive point.

» Lorsqu'on partage 360 degrés ou 1,296000″ en 365 parties 1/4, on trouve que le soleil doit faire par jour 59′ 8″, et pour que les retours au méridien fussent égaux, il faudrait que ce mouvement propre du soleil vers l'orient fût tous les jours de la même quantité, c'est-à-dire, de 59′8″; mais à cause de l'excentricité de l'orbite de la terre et des différens degrés de vîtesse qu'elle acquiert en s'approchant de son aphélie ou périhélie, il arrive qu'au commencement de juillet le soleil n'avance que de 57′ 11″ par jour vers l'orient, et qu'au commencement de janvier il avance de 61′ 11″, c'est-à-dire

---

(*) Il faudrait tenir compte des six heures dont l'année solaire surpasse l'année civile, et de toutes les petites inégalités qui modifient l'équation du tems.

quatre minutes de plus qu'au mois de juillet
le long de l'écliptique, par son mouvement propre.
Au commencement d'octobre, il est moins avancé
vers l'orient de deux degrés qu'il ne le serait s'il
avait fait tous les jours 59′ 8″. Il doit donc paraître
plus occidental et passer au méridien plutôt qu'il
n'y passerait s'il avait toujours avancé d'un mouvement uniforme ; telle est la première cause qui
rend les jours inégaux. L'on compte toujours 24
heures d'un midi à l'autre ; mais ces 24 heures
seront plus longues quand le soleil aura fait 61′
que quand il n'aura fait que 57′ vers l'orient,
parce qu'il sera obligé de parcourir quatre minutes
de plus par le mouvement diurne d'orient en occident, avant d'arriver au méridien.

» A cette première cause, qui dépend de l'inégalité du mouvement solaire dans l'écliptique,
il s'en joint une autre qui dépend de son incli-
naison sur l'équateur. Il ne suffit pas que le mouvement propre du soleil sur l'écliptique soit égal
pour rendre les jours égaux, il faut que ce mouvement soit égal par rapport à l'équateur et par
rapport au méridien où il s'observe. La durée
des 24 heures dépend en partie de la petite quantité dont le soleil avance chaque jour vers l'orient ;
mais cette quantité devrait être mesurée sur l'équateur, parce que c'est autour de l'équateur que
se comptent les heures ; ce n'est donc pas seulement son mouvement propre qu'il faut considérer par rapport à l'inégalité des jours, mais
c'est

c'est ce mouvement rapporté à l'équateur. Si le soleil tournait dans l'équateur même, ou parallèlement à l'équateur, cette partie de l'équation du tems serait nulle ; et si le soleil avait un mouvement tel, qu'il continuât de répondre perpendiculairement au même endroit de l'équateur, c'est-à-dire que l'écliptique fît un angle droit avec l'équateur, l'équation du tems n'aurait pas lieu, puisque les retours au méridien seraient égaux.

» Supposons donc le mouvement du soleil parfaitement uniforme, le soleil faisant tous les jours un arc EF (fig. 5) ou SO', d'un degré juste. Supposons que hier le soleil fut en S dans le méridien SB, et qu'aujourd'hui le point S étant revenu au méridien, le soleil soit en O sur un cercle de déclinaison OQ, qui doit arriver sur le méridien SA par le mouvement diurne, pour qu'il soit midi ; alors l'arc AQ de l'équateur mesure le tems qu'il faudra pour que le soleil arrive au méridien ; quelle que soit la longueur de l'arc OS de l'écliptique, cet arc n'emploîra à passer que le tems qui est mesuré par l'arc AQ de l'équateur : c'est-à-dire que si l'arc AQ est d'un degré, il faudra quatre minutes à l'arc SO, grand ou petit, pour traverser le méridien. Or, dans la figure, on voit que AQ est plus grand que SO. Ainsi, dès que SO est d'un degré, AQ est de plus d'un degré, et il faudra plus de quatre minutes au soleil pour arriver de O en S. La distance du soleil à l'équateur fait que l'arc OS est plus petit

N

que l'arc AQ, parce qu'il est compris entre deux cercles de déclinaison SA et OQ, qui sont perpendiculaires à l'équateur EAQ, et qui vont se rencontrer au pôle, en sorte que leur distance est moindre vers O que vers Q; au contraire, dans les équinoxes, et lorsque le soleil parcourt un arc EF d'un degré, il ne fait, par rapport à l'équateur, qu'un arc DE, qui est plus petit qu'un degré, parce que EF est l'hypoténuse du triangle EFD, et par conséquent plus grande que le côté ED.

» Mais que l'arc OS soit plus long ou plus court, c'est toujours l'arc AQ de l'équateur qui règle le tems employé par le soleil à venir du point O jusqu'au méridien SAB. Supposons donc que SO soit tous les jours de 59′, AQ sera plus grand dans les solstices, et le soleil retardera; AQ sera plus petit dans les équinoxes, comme on voit que ED est plus petit que EF, et le soleil avancera; la différence entre ES et EA, sera la mesure totale de l'équation du tems pour cette partie, car tous les jours le soleil décrit un arc EF auquel répond un arc ED de l'équateur: si celui-ci est plus petit, le soleil passe un peu plutôt; et quand il aura décrit EFS, ce sera la différence totale entre ES et EA, qui exprimera la somme de toutes les petites différences entre les portions EF, et les parties ED de l'équateur, qui correspondaient chaque jour aux parties de l'écliptique.

» Supposons que le soleil, au bout de 45 jours, ait fait sur l'écliptique un arc ES de 45 degrés, l'arc AE de l'équateur ne sera que de 43 degrés. Si le soleil avait été sur l'équateur avec la même vitesse, il aurait fait EL égal à ES ; mais le point L passera au méridien SAB 8′ plus tard que le point A ou le point S ; ainsi le soleil vrai avance de 8′ sur le soleil moyen L, même en faisant abstraction de l'inégalité réelle de son mouvement, et en le supposant mû uniformément sur l'écliptique ES. Le soleil vrai S passe au méridien avec le point A de l'équateur, c'est-à-dire 8′ plutôt qu'il ne passerait, si son mouvement EL se faisait sur l'équateur.

» Pour combiner les deux causes de l'équation du tems, considérons le soleil vrai à la fin d'octobre ; son mouvement ayant été fort petit en été, il se trouve être moins avancé vers l'orient de deux degrés qu'il ne devrait l'être, et passe au méridien 8′ trop tôt ; il y a donc alors 8′ à ôter du midi vrai pour avoir le tems moyen, à raison de la première cause.

» Mais alors le soleil, en avançant dans son orbite inclinée sur l'équateur, se trouve aussi répondre perpendiculairement à un point A de l'équateur moins avancé que le point S, où il est sur l'écliptique ; il passe donc au méridien 8′ plutôt qu'il ne devrait y passer. Il a fait, par exemple, réellement 45° sur l'écliptique, et il répond cependant au même point que s'il n'en avait fait que 43, mais qu'il les eût faits sur l'équateur, et ces 8' viennent de la seconde cause. Ainsi, dans ce cas, les deux causes concourent dans le même sens, et voilà pourquoi à la fin d'octobre le soleil avance de 16', le *tems moyen au midi vrai* n'est que 11^h· 44', c'est-à-dire, que quand le vrai soleil est au méridien, une bonne horloge ne doit marquer que 11^h· 44'.

» L'on peut aussi combiner ensemble ces deux causes qui rendent inégaux les retours du soleil au méridien, en concevant un soleil moyen et uniforme qui tourne dans l'équateur, de manière à faire chaque jour 59' 8", et les 360 degrés en même tems que le soleil par son mouvement propre. Supposons que le soleil moyen parte de l'équinoxe du printems au moment où la longitude moyenne est zéro ; toutes les fois que ce soleil moyen arrivera au méridien, nous dirons qu'il est midi moyen ; et si le soleil vrai se trouve plus ou moins avancé, ensorte qu'il soit plus ou moins de midi, nous appellerons la différence *équation du tems*.

» L'équation du tems était connue et employée même du tems de Ptolémée, qui en parle dans son *Almageste* (liv. III, ch. 10.). Cependant Tycho-Brahé n'employa que la seconde partie de l'équation du tems qui dépend de l'obliquité de l'écliptique ; mais Kepler l'employa toute entière. L'équation du tems, telle qu'on l'emploie aujourd'hui, fut généralement adoptée en 1672, lorsque

Flamsteed publia une dissertation à ce sujet à la suite des Œuvres d'Horoccius.

» *Le tems moyen*, tems égal, *tempus æquatum*, est proprement celui des Astronomes, car le tems vrai leur est indifférent et inutile ; ils ne l'observent que parce qu'il sert à trouver le tems moyen : celui-ci est l'objet ou le but qu'ils se proposent. Le tems vrai est facile à observer, puisqu'il est immédiatement marqué par le soleil que nous voyons ; mais si l'on a fait une observation à 8 heures de tems vrai, c'est-à-dire, 8 heures après que le soleil avait été observé dans le méridien, et que l'équation du tems soit alors de 10′ additives, on sait que le tems moyen de cette observation est 8 heures 10′, et c'est celui qu'il faut connaître pour en faire usage dans les calculs. Le tems vrai n'est pas un tems propre à servir d'échelle de numération, car il est de l'essence d'une pareille échelle d'être toujours constante, uniforme et égale. Toutes les révolutions célestes, toutes les époques en tems, tous les intervalles de tems que l'on trouve dans les Tables astronomiques, sont toujours en tems moyen ; car ces Tables, devant servir pour les tems passés et futurs, ne peuvent être disposées que pour des années égales, des jours égaux et uniformes, c'est-à-dire pour des tems moyens.

» La Table même de l'équation du tems qui renferme la différence entre le tems moyen et le tems vrai, donne cette différence en tems moyen, et ne pourrait la donner autrement ; car si nous concevons le soleil vrai et le soleil moyen éloignés l'un de l'autre de quatre degrés, en sorte qu'il doive s'écouler plus d'un quart d'heure de différence entre leurs passages au méridien , cet espace d'un quart d'heure doit se compter comme tous les autres tems des Tables astronomiques , sur la même horloge et sur la même échelle que toutes les révolutions et toutes les durées des mouvemens célestes ; il doit donc se compter en minutes de tems moyen. »

Je ne serai pas surpris si les détails dans lesquels je viens d'entrer paraissent trop longs ; cette matière est si importante , elle est si peu connue de la plupart des Artistes Horlogers, que j'ai cru ne devoir rien négliger de ce qui pourrait leur en faciliter l'intelligence.

Solem quis dicere falsum audeat ?

Ce vers de Virgile a fait dire à P. le Roy , *que les Astronomes et les Horlogers ont plus fait que l'oser ;* qu'ils ont reconnu, par le secours des horloges à pendule, que le mouvement de cet astre n'est pas parfaitement uniforme , et que c'est sans doute cette découverte qui a porté les Horlogers de Paris à prendre pour leur devise une horloge à secondes avec ces paroles : *Solis mendaces arguit horas.* Cela n'est pas tout-à-fait exact. Il est certain que si l'équation du temps n'avait pas été connue , les horloges à pendule l'auraient ma-

nifestée ; mais l'inégalité du soleil était connue
130 ans avant J. C., et, malgré leur orgueilleuse
devise, les Horlogers du 17ᵉ siècle n'en ont pas
déterminé le moindre élément ; tout appartient
à l'Astronomie : c'est encore à ceux qui pro-
fessent cette science que nous devons, chaque
année , la Table du *tems moyen au midi vrai*.

Par le secours de cette Table on réglera facilement les pendules à équation ; car, par exemple ,
si on a l'heure du tems moyen, après avoir mis
sur cette heure l'aiguille qui la montre sur le cadran de la pendule, on fera avancer ou retarder
celle du tems vrai de la quantité marquée par la
Table pour le quantième du mois où l'on est. Si
au contraire on a l'heure vraie, c'est-à-dire celle
du soleil ou des méridiennes, on mettra sur cette
heure l'aiguille du tems vrai, et on fera avancer
celle du tems moyen si le soleil retarde , ou retarder si le soleil avance ; cela de la quantité
marquée par la Table pour ce jour-là (*).

(*) Les pendules à équation, à deux aiguilles,
sont ordinairement construites de manière que les
aiguilles marchent ensemble lorsqu'on remet la
pendule à l'heure par l'aiguille du tems moyen ;
mais Julien le Roy employait une construction
où les aiguilles ne marchaient ensemble que par
le mouvement de la pendule, et il fallait remettre
séparément les aiguilles du tems vrai et du tems

Après chaque colonne de la Table du tems moyen au midi vrai, on en trouve une sous le titre *Différence*; celle-ci fait voir de combien une pendule dont le mouvement serait parfaitement égal, s'écarterait chaque jour de l'heure marquée par le soleil. Ainsi, pour bien régler la pendule, on la mettra à l'heure du soleil sur une méridienne, et quelques jours après on consultera la Table des Différences, pour voir si elle a avancé ou retardé chaque jour de la quantité dont cette Table marque que le soleil a retardé ou avancé ces mêmes jours.

Je suppose, par exemple, que la pendule ayant été mise à l'heure le premier janvier, on veuille savoir, le 31 du même mois, si elle a suivi le moyen mouvement du soleil; on trouve que, sur la méridienne, elle est en avance de 8'. On consulte la Table, et on trouve, en additionnant les différences marquées pour chaque jour, qu'elle devrait se trouver en avance sur le soleil de 10' 4" 1/2 ; d'où l'on voit qu'elle n'a pas suivi le moyen mouvement du soleil, et qu'elle a réellement retardé de 2' 4" 1/2.

---

moyen à l'heure, soit pour avancer, soit pour retarder la pendule. C'est à cette construction incommode que se rapporte ce paragraphe.

Table du Tems moyen au Midi vrai.

Jours.	Janvier. H.	M.	S.	Différ.	Février. H.	M.	S.	Différ.	Mars. H.	M.	S.	Différ.
1	0	3	48	28	0	13	56	8	0	12	43	12
2	0	4	16	28	0	14	4	7	0	12	31	12
3	0	4	44	28	0	14	11	6	0	12	19	13
4	0	5	12	27	0	14	17	5	0	12	6	13
5	0	5	39	27	0	14	23	4	0	11	52	14
6	0	6	6	27	0	14	27	4	0	11	38	14
7	0	6	33	26	0	14	31	3	0	11	24	15
8	0	6	59	25	0	14	34	2	0	11	10	15
9	0	7	24	25	0	14	36	1	0	10	54	16
10	0	7	49	24	0	14	37	0	0	10	39	16
11	0	8	13	24	0	14	37	0	0	10	23	16
12	0	8	37	23	0	14	37	1	0	10	7	16
13	0	9	0	22	0	14	36	2	0	9	50	17
14	0	9	22	22	0	14	34	3	0	9	34	17
15	0	9	43	21	0	14	31	3	0	9	17	17
16	0	10	4	20	0	14	28	4	0	8	59	17
17	0	10	25	19	0	14	24	5	0	8	41	18
18	0	10	44	19	0	14	19	6	0	8	24	18
19	0	11	3	18	0	14	13	6	0	8	6	18
20	0	11	21	17	0	14	7	7	0	7	47	18
21	0	11	38	17	0	14	0	7	0	7	29	18
22	0	11	55	16	0	13	53	8	0	7	11	18
23	0	12	10	15	0	13	45	9	0	6	52	19
24	0	12	25	14	0	13	36	10	0	6	34	19
25	0	12	39	14	0	13	26	10	0	6	15	19
26	0	12	53	13	0	13	16	10	0	5	56	19
27	0	13	6	12	0	13	6	11	0	5	38	19
28	0	13	17	11	0	12	55		0	5	19	18
29	0	13	28	10					0	5	1	18
30	0	13	39	9					0	4	42	18
31	0	13	48						0	4	24	

TABLE du Tems moyen au Midi vrai.

Jours	Avril H.	M.	S.	Différ.	Mai H.	M.	S.	Différ.	Juin H.	M.	S.	Différ.
1	0	4	5	18	11	56	57	7	11	57	18	9
2	0	3	47	18	11	56	50	7	11	57	27	9
3	0	3	29	18	11	56	43	6	11	57	37	10
4	0	3	11	18	11	56	36	6	11	57	47	10
5	0	2	53	18	11	56	30	5	11	57	57	10
6	0	2	36	17	11	56	25	5	11	58	7	11
7	0	2	18	17	11	56	20	4	11	58	18	11
8	0	2	1	17	11	56	16	4	11	58	29	11
9	0	1	44	17	11	56	12	3	11	58	40	11
10	0	1	27	17	11	56	9	3	11	58	51	12
11	0	1	11	16	11	56	6	2	11	59	3	12
12	0	0	54	16	11	56	4	1	11	59	15	12
13	0	0	38	16	11	56	3	1	11	59	27	12
14	0	0	22	16	11	56	2	0	11	59	40	12
15	0	0	6	16	11	56	2	0	11	59	52	12
16	11	59	51	15	11	56	2	1	0	0	5	12
17	11	59	37	15	11	56	2	1	0	0	17	13
18	11	59	23	14	11	56	4	2	0	0	30	13
19	11	59	9	14	11	56	6	2	0	0	43	13
20	11	58	55	14	11	55	8	3	0	0	56	13
21	11	58	42	13	11	56	11	3	0	1	8	13
22	11	48	29	13	11	56	14	4	0	1	21	13
23	11	58	17	12	11	56	18	5	0	1	34	13
24	11	58	5	12	11	56	23	5	0	1	47	12
25	11	57	54	11	11	56	28	6	0	2	0	12
26	11	57	43	11	11	56	34	6	0	2	13	12
27	11	57	33	10	11	56	40	7	0	2	25	12
28	11	57	23	10	11	56	47	7	0	2	38	12
29	11	57	14	9	11	56	54	8	0	2	50	12
30	11	57	6		11	57	2	8	0	3	3	12
31					11	57	10					

TABLE du Tems moyen au Midi vrai.

Jours.	Juillet.			Differ.	Août.			Differ.	Septemb.			Differ.
	H.	M.	S.		H.	M.	S.		H.	M.	S.	
1	0	3	15	12	0	5	58	4	11	59	57	18
2	0	3	26	12	0	5	54	4	11	59	39	19
3	0	3	38	11	0	5	50	4	11	59	20	19
4	0	3	49	11	0	5	46	5	11	59	1	20
5	0	4	0	10	0	5	41	6	11	58	41	20
6	0	4	10	10	0	5	35	6	11	58	21	20
7	0	4	20	10	0	5	29	8	11	58	1	20
8	0	4	30	9	0	5	21	7	11	57	41	20
9	0	4	39	9	0	5	14	8	11	57	21	20
10	0	4	48	8	0	5	6	9	11	57	1	21
11	0	4	57	8	0	4	57	10	11	56	40	21
12	0	5	5	8	0	4	47	10	11	56	19	21
13	0	5	13	7	0	4	37	10	11	55	58	21
14	0	5	20	6	0	4	27	11	11	55	37	21
15	0	5	26	6	0	4	16	12	11	55	16	21
16	0	5	32	6	0	4	4	12	11	54	55	21
17	0	5	38	5	0	3	52	13	11	54	34	21
18	0	5	43	5	0	3	39	13	11	54	13	21
19	0	5	48	4	0	3	26	13	11	53	52	21
20	0	5	52	3	0	3	13	14	11	53	31	21
21	0	5	55	3	0	2	59	15	11	53	10	21
22	0	5	58	3	0	2	44	15	11	52	49	21
23	0	6	1	2	0	2	29	15	11	52	27	20
24	0	6	3	1	0	2	14	16	11	52	7	20
25	0	6	4	1	0	1	58	16	11	51	47	20
26	0	6	5	0	0	1	42	17	11	51	27	20
27	0	6	5	0	0	1	25	17	11	51	7	20
28	0	6	5	1	0	1	8	17	11	50	47	20
29	0	6	4	2	0	0	51	17	11	50	27	19
30	0	6	2	2	0	0	34	18	11	50	8	
31	0	6	0		0	0	16					

TABLE du Tems moyen au Midi vrai.

Jours.	Octobre. H.	M.	S.	Différ.	Novemb. H.	M.	S.	Différ.	Décemb. H.	M.	S.	Différ.
1	11	49	49	19	11	43	46	0	11	49	11	23
2	11	49	30	19	11	43	45	0	11	49	34	23
3	11	49	11	18	11	43	45	0	11	49	57	24
4	11	48	53	18	11	43	45	1	11	50	21	25
5	11	48	35	18	11	43	47	2	11	50	45	25
6	11	48	17	17	11	43	49	3	11	51	11	26
7	11	48	0	17	11	43	52	4	11	51	36	26
8	11	47	43	16	11	43	55	5	11	52	2	27
9	11	47	26	16	11	44	0	5	11	52	29	27
10	11	47	10	16	11	44	5	6	11	52	56	28
11	11	46	55	15	11	44	11	7	11	53	23	28
12	11	46	39	14	11	44	18	8	11	53	51	28
13	11	46	25	14	11	44	26	9	11	54	19	29
14	11	46	11	14	11	44	35	10	11	54	48	29
15	11	45	57	13	11	44	45	10	11	55	17	29
16	11	45	44	12	11	44	55	11	11	55	46	29
17	11	45	32	12	11	45	7	12	11	56	15	30
18	11	45	20	11	11	45	19	13	11	56	44	30
19	11	45	9	11	11	45	32	14	11	57	14	30
20	11	44	58	10	11	45	46	15	11	57	44	30
21	11	44	48	9	11	46	0	16	11	58	14	30
22	11	44	39	9	11	46	16	16	11	58	44	30
23	11	44	30	8	11	46	32	17	11	59	14	30
24	11	44	22	7	11	46	50	18	11	59	44	30
25	11	44	15	6	11	47	7	19	0	0	14	30
26	11	44	9	6	11	47	26	20	0	0	44	30
27	11	44	3	5	11	47	46	20	0	1	14	30
28	11	43	58	4	11	48	6	21	0	1	44	30
29	11	43	54	3	11	48	27	21	0	2	14	30
30	11	43	51	3	11	48	48		0	2	43	29
31	11	43	48						0	3	12	29

ARTICLE XI.

Régler une Pendule par les étoiles fixes.

LA révolution diurne des étoiles fixes est une mesure du tems plus parfaite que celle du soleil. « C'est le retour de l'étoile au méridien qui nous indique le mouvement entier de la sphère et la révolution complète de la terre sur son axe ; aussi la plupart des Astronomes règlent leurs horloges sur les étoiles, en accourcissant le pendule de sorte qu'elles avancent de 4′ tous les jours sur le soleil. Quand il s'est écoulé une heure sur cette horloge, on est sûr qu'il a passé par le méridien 15° de la sphère étoilée, et l'on a ainsi les différences d'ascension droite entre les astres qu'on observe, en convertissant, à raison de 15° par heure, les tems qu'on a observés entre leurs passages ; c'est ce que les Astronomes appellent *le tems du premier mobile*, dont une heure fait toujours 15° du ciel par le mouvement diurne. »

Une manière très-simple de régler une pendule par cette révolution sur le moyen mouvement du soleil, est d'élever deux fils à plomb, éloignés l'un de l'autre, à peu près dans la direction du méridien, à cause des réfractions. Lorsqu'on veut observer, après avoir marqué l'heure, la minute et la seconde qu'il est à la pendule, on continue de compter les secondes jusqu'à ce que le rayon visuel, passant par les deux fils, rencontre l'étoile. On recommence la même observation le jour suivant. Si l'intervalle entre les deux passages est de 23ʰ 56′ 4″,1 , durée du jour des étoiles fixes, c'est une preuve que la pendule est réglée sur le moyen mouvement du soleil. S'il est plus petit ou plus grand, il faut baisser ou hausser la lentille du pendule. La même opération peut se faire plus commodément avec une lunette fixe, en observant le moment où l'étoile entre dans cette lunette ou en sort, etc.

Il faut avoir soin de ne point prendre une des planètes pour une étoile fixe, parce qu'elles ont un mouvement propre qui causerait de l'erreur : mais il est aisé de ne s'y pas tromper, car les planètes paraissent beaucoup plus grandes avec la lunette, au lieu que les étoiles fixes ne sont pas sensiblement augmentées, à cause de leur prodigieux éloignement ; d'ailleurs elles ne scintillent point et sont beaucoup moins brillantes.

Nous plaçons ici une table de l'accélération des étoiles fixes sur le moyen mouvement du soleil pour trente-deux jours.

ACCÉLÉRATION DES ÉTOILES pour 32 Jours.

Jours.	H.	M.	S.
1	0	3	55,9
2	0	7	51,8
3	0	11	47,7
4	0	15	43,6
5	0	19	39,5
6	0	23	35.4
7	0	27	31,3
8	0	31	27,2
9	0	35	23,1
10	0	39	19,0
11	0	43	14,9
12	0	47	10,8
13	0	51	6,7
14	0	55	2,6
15	0	58	58,5
16	1	2	54,4
17	1	6	50,3
18	1	10	46,2
19	1	14	42,1
20	1	18	38,0
21	1	23	33,9
22	1	26	29,8
23	1	30	25,7
24	1	34	21,6
25	1	38	17,5
26	1	42	13,5
27	1	46	9,4
28	1	50	5,3
29	1	54	1,2
30	1	57	57,1
31	2	1	53.0
32	2	5	48,9

ARTICLE XII.

Méthode facile pour tracer les Signes du Zodiaque et les Mois de l'année sur les méridiennes.

LES anciens Astronomes ont divisé l'*écliptique*, c'est-à-dire la route apparente du soleil ou l'orbite annuelle de la terre en douze parties, d'où sont venus les douze signes du zodiaque, désignés comme on l'a vu au commencement de ce Calendrier. Pour concevoir comment on parvient à montrer sur les méridiennes celui de ces signes où se trouve le soleil dans tel ou tel tems de l'année. Il faut observer que l'écliptique étant inclinée à l'équateur de 23° 28′, le soleil, en parcourant ces signes et l'écliptique, et allant du tropique du cancer à celui du capricorne, ou du solstice d'été à celui d'hiver, etc., nous paraît parcourir un arc double de celui dont l'écliptique est inclinée, c'est-à-dire 46° 56′. Cet arc détermine la longueur des méridiennes et la grandeur des cadrans solaires par rapport à leurs styles, etc. L'image du soleil va de l'extrémité nord à l'extrémité sud dans les méridiennes horizontales, et de haut en bas dans les verticales, depuis le mois de janvier jusqu'à celui de juillet, ou du solstice d'hiver à celui d'été quand le soleil est dans les signes ascendans, et au contraire dans les signes qui suivent.

On voit de là, que pour marquer un signe sur une méridienne, il faut d'abord connaître la déclinaison du soleil lorsqu'il entre dans ce signe, c'est-à-dire son éloignement méridional ou septentrional de l'équateur ; par là on a sa hauteur méridienne, ou, ce qui est la même chose, l'angle sous lequel nous le voyons à midi.

Connaissant cette déclinaison, on a bientôt l'angle sous lequel nous voyons le soleil au midi le plus voisin de son entrée dans un signe ; par conséquent l'angle sous lequel ses rayons passant par un trou, frappent alors une ligne verticale, car il ne faut pour cela qu'ajouter la déclinaison, lorsqu'elle est méridionale, aux $48°$ $50'$ dont notre zénith est distant de l'équateur (à la latitude de Paris), ou l'en soustraire lorsqu'elle est septentrionale ; ainsi, pour savoir où l'on doit marquer un signe quelconque sur une méridienne verticale, il suffira de faire passer un fil par le centre du trou de la plaque, et de porter son extrémité en un point de la méridienne où il forme avec cette ligne l'angle marqué dans la Table des Déclinaisons lorsque le soleil entre dans ce signe.

Supposons qu'on veuille marquer l'entrée du soleil dans le capricorne, on voit dans les Tables que c'est le 21 décembre que le soleil entre dans ce signe, et que ce jour sa déclinaison méridionale est de $23°$ $28'$; ajoutant ces $23°$ $28'$ aux $48°$ $50'$ distance du zénith à l'équateur, on a $72°$ $18'$ pour l'arc du méridien compris entre le lieu du soleil à midi et le zénith ; ainsi les rayons du soleil font, avec une méridienne verticale, un angle de 72° 18′. Je prends donc un fil qui passe par le centre du trou de la plaque, et je le porte au point de la méridienne, où il fait avec elle un angle de 72° 18′ que j'ai formé sur un carton, etc., et le point du signe est trouvé. Si la méridienne avait été horizontale, au lieu d'un angle de 72° 18′, j'aurais fait faire au fil un angle complément du précédent, ou de 17° 42′, et ainsi de tous les autres signes.

Les rayons solaires formant avec la ligne méridienne et une perpendiculaire tirée du centre du trou de la plaque sur cette même ligne, un triangle dont un côté, celui de la perpendiculaire est connu et dont on connaît aussi les trois angles lorsqu'on sait la déclinaison du soleil ; il est clair que, par la trigonométrie, nous aurions pu facilement déterminer la place de notre signe par un côté de ce triangle, savoir, celui de la ligne méridienne.

DÉCLINAISON DU SOLEIL *pour une année moyenne entre deux bissextiles, comme* 1810, 1814, 1818, *etc.*

Jours.	Janvier.			Février.			Mars.			Avril.		
	D.	M.		D.	M.		D.	M.		D.	M.	
1	23	4	A	17	13	A	7	45	A	4	22	B
5	22	41		16	3		6	13		5	54	
10	22	2		14	29		4	17		7	47	
15	21	13		12	49		2	18		9	36	
20	20	13		11	4		0	20		11	21	
25	19	4		9	15		1	38	B	13	2	

Jours.	Mai.			Juin.			Juillet.			Août.		
	D.	M.		D.	M.		D.	M.		D.	M.	
1	14	56	B	22	0	B	28	11	B	18	11	B
5	16	7		22	31		22	52		17	9	
10	17	30		23	0		22	20		15	45	
15	18	46		23	19		21	39		14	15	
20	19	53		23	28		20	48		12	39	
25	20	52		22	26		19	48		10	57	

Jours.	Septem.			Octobre.			Novemb.			Décemb.		
	D.	M.		D.	M.		D.	M.		D.	M.	
1	8	29	B	3	0	A	14	18	A	21	46	A
5	7	1		4	33		15	34		21	21	
10	5	9		6	28		17	3		22	54	
15	3	14		8	21		18	24		23	17	
20	1	18		10	11		19	37		23	27	
25	0	39	A	11	57		20	42		23	26	

La lettre A indique une déclinaison australe, et B une déclinaison boréale.

ARTICLE XIII.

Décrire autour d'une ligne méridienne une courbe qui marque le tems moyen, c'est-à-dire, sur laquelle l'image du soleil passe chaque jour de l'année au midi du tems moyen.

Pour cela, on tracera d'abord les douze signes du zodiaque sur cette méridienne, et deux lignes horaires qui marqueront, l'une onze heures trois quarts, l'autre midi un quart; ensuite on subdivisera chaque signe en six parties, prolongeant les divisions jusqu'aux lignes des quarts; et on déterminera par le calcul indiqué dans l'article précédent, et par les Tables de la déclinaison du soleil, les jours de chaque mois où l'image du soleil passe sur ces divisions. Puis concevant l'espace de chaque quart que nous avons tracé, divisé en 900 parties, nombre de secondes que contient un quart d'heure; l'on prendra sur chaque division de signe, depuis la méridienne jusqu'à la ligne de chaque quart, un nombre de parties, c'est-à-dire, de neuf centièmes avant ou après midi, égal à celui des secondes dont le tems moyen avance ou retarde sur l'heure du soleil le jour du mois où il passe par cette division; cela s'exécute facilement au moyen de la ligne des parties égales du compas de proportion, dont je suppose que l'on connaît l'usage, et dont il est d'ailleurs aisé de s'instruire. Ayant ainsi marqué deux points sur chaque division de signe, l'un avant et l'autre après midi, chacun selon qu'il est indiqué par la Table d'équation, on fera passer par tous ces points une courbe qui sera la méridienne du tems moyen, et formée comme un 8 de chiffre fort alongé.

« Pour finir la méridienne du tems moyen, on marquera autour de la courbe les mois de l'année de cette sorte : on écrira le mot *mars* de façon que sa première lettre soit entre le 9e et le 12e degré des poissons, du côté occidental de la méridienne, et en montant; le mot *avril*, du même côté, et en montant, en sorte que la première lettre soit entre le 9e et le 12e degré du bélier. Le mot *mai* du côté oriental, et sa première lettre entre le 9e et le 12e degré du taureau, toujours en montant. La première lettre du mot *juin* aussi du côté oriental, en montant, entre le 9e et le 12e degré des gémeaux. Le mot *juillet* du côté occidental et en descendant, en sorte que sa première lettre soit au 9e degré de l'écrevisse. Le mot *août*, du côté occidental, en descendant, en sorte que sa première lettre soit au 9e degré du lion. Le mot *septembre*, du côté oriental, en descendant, en sorte que sa première lettre soit au 9e degré de la vierge. Le mot *octobre*, du côté oriental, en descendant, en sorte que sa première lettre soit au 9e degré de la balance. Le mot *novembre*, du côté oriental, en descendant, en sorte que sa première lettre soit au 9e degré du scorpion. Le mot *décembre*, du côté oriental, en descendant, en sorte que sa première lettre soit au 9e degré du sagittaire. Le mot *janvier*, du côté occidental, en montant, en sorte que sa première lettre soit entre le 9e et le 12e degré du capricorne.

» Si la méridienne n'a pas une certaine étendue, le nom entier de chaque mois ne pourra se placer en plusieurs endroits, faute d'espace, alors on le mettra en abrégé; mais il convient toujours que la première lettre soit posée aux degrés que nous venons d'indiquer. »

HUITIÈME PARTIE.

Progrès de l'Horlogerie dans le cours du dix-huitième siècle.

ARTICLE PREMIER.

Influence de Julien le Roy, au commencement de ce siècle.

L'HORLOGERIE avait été florissante en France vers le quinzième siècle. Plusieurs montres de ce tems-là font encore l'admiration des amateurs. Cependant on ne sait par quelle fatalité (*), vers le commencement du dix-huitième siècle, elle était parmi nous dans un état de médiocrité qu'on a peine à se figurer aujourd'hui qu'elle forme une branche considérable de commerce.

Les Anglais, au contraire, enrichis de nos dé-pouilles, avaient acquis, par de nombreuses dé-

---

(*) Celle de la révocation de l'Edit de Nantes.

couvertes, une telle réputation dans ce genre d'ouvrages, qu'ils portaient leurs montres dans toutes les parties du monde connu, et que nous étions nous-mêmes forcés d'en aller chercher en Angleterre.

Pour affranchir l'Etat de cette espèce de tribut, et pour rendre aux Horlogers français cette espèce de prééminence qu'ils avaient laissée perdre, en-vain le duc d'Orléans, régent, fit venir à grands frais des ouvriers de Londres, pour en former une manufacture à Versailles ; envain le maréchal de Noailles en établit une seconde à Saint-Germain, tant de dépenses et de soins ne servirent qu'à mon-trer combien il est difficile d'établir les arts dans un pays, ou de les y rappeler quand ils l'ont une fois abandonné.

Les manufactures de Versailles et de Saint-Germain n'existèrent qu'environ trois années. Cependant l'une et l'autre, dans ce court inter-valle, produisirent une émulation tendante au perfectionnement de l'Art.

M. Gaudron surtout réunissait tous ses efforts pour faire pencher la balance du côté de l'horlo-gerie de Paris.

Julien le Roy, après s'être distingué par une dextérité toute particulière (*), ne tarda pas à se

---

(*) La célérité d'exécution qu'on lui attribue

signaler

signaler par des inventions précieuses. Il imagina d'abord une pendule à équation, que l'Académie honora de ses suffrages.

En lisant dans l'Optique de Newton les expériences qu'il rapporte, pour montrer les lois suivant lesquelles agit l'attraction de cohésion, l'idée lui vint de faire servir cette propriété des fluides à fixer l'huile aux pivots des roues et du balancier des montres, et par là, de diminuer considérablement l'usure et le frottement de ces parties. Pour cet effet, il imagina différentes pièces qui ont été généralement adoptées. Telles sont les potences, qui ont retenu son nom, au moyen desquelles on peut rendre l'échappement aussi parfait qu'il qu'il puisse être, etc.

Les montres anglaises à répétition ont en quelque sorte quatre boîtes ; savoir : la calotte, le timbre, la boîte vidée et celle qui enveloppe le tout. Il arrive de là que, malgré leur grosseur, le mouvement est si petit et le moteur si faible, que les moindres variations dans la ténacité de l'huile y produisent des erreurs considérables.

---

paraît incroyable. On assure qu'entre les deux Fêtes-Dieu, il avait fait et fini un mouvement de montre à répétition, avec sa cadrature, tels qu'on les faisait dans sa jeunesse.

Au moyen des répétitions sans timbre, il a supprimé toutes ces boîtes et n'a conservé que la première ; en sorte que le mouvement d'une répétition de Julien le Roy est à celui d'une répétition anglaise, dans le rapport de soixante-quatre à vingt-sept. Il vit de même qu'en augmentant la place de la cadrature, on en rendrait toutes les pièces plus grandes, d'une exécution plus facile et d'un effet beaucoup plus sûr ; c'est à quoi il est parvenu par la construction dont on fait actuellement usage, appelée *répétition à Báte levée.*

Il a fait un changement presque total dans la forme, la disposition et l'effet des parties de la cadrature. Il est assez commun de voir des répétitions qui, après avoir marché un certain tems, ou par un grand froid, sonnent fort lentement, quelquefois même ne sonnent pas du tout. L'huile du rouage de sonnerie étant alors congelée, le ressort n'est plus assez fort pour faire tourner les roues et lever le marteau. Cet inconvénient est prévenu dans les répétitions de Julien le Roy, par un petit échappement substitué aux dernières roues, construction avantageuse qui rend cette partie plus simple, et qui en assure les fonctions.

Non content de travailler à la perfection de ses ouvrages, Julien le Roy était attentif à ce qui pouvait paraître d'utile ou de curieux en ce genre chez les étrangers. Ayant ouï parler des montres

du célèbre Graham, il fit venir, en 1728, la première montre à cylindre qu'on ait vue à Paris,
et qu'il céda à M. de Maupertuis après l'avoir
éprouvée.

M. Graham, de son côté, ne dissimulait pas
tout le cas qu'il faisait de son émule : un jour
que milord Hamilton lui montrait une de ses
montres à répétition, à grand mouvement, devant plusieurs personnes : *Je souhaiterais*, dit-il,
après l'avoir examinée, *être moins âgé, afin de
pouvoir en faire sur ce modèle.*

C'est ainsi que les hommes, vraiment supérieurs, en agissent entre eux : *semblables à ces
sapins dont la tête s'élève au-dessus des autres
arbres, ils laissent de vils serpens s'entre-dé-
chirer à leur pied et le couvrir de leur venin.*

Cette justice que rendait à Julien le Roy le
plus célèbre Horloger d'Angleterre, presque tous
ceux de l'Europe la lui ont rendue. De là cet
empressement à se saisir de ses inventions, son
nom gravé sur la plupart des montres de Genève,
au lieu de ceux des Tompion et des Graham,
dont elles étaient auparavant décorées ; enfin, cet
abandon absolu des montres d'Angleterre.

Une partie des perfections que je viens d'exposer
passa bientôt dans les pendules : il serait inutile de
les rappeler en détail. Je dirai seulement au sujet
des *tirages* ou pendules à répétition, que pour

rendre les pièces de leur cadrature plus grandes et plus solides, il les transposa de dessous le cadran sur la platine du nom, où l'on n'est point gêné par les roues de cadrature, les faux piliers, l'arbre du remontoir et son rochet, etc. (*Règle artificielle*, page 370.)

A l'égard de ses pendules à secondes, voici le témoignage que M. de Maupertuis a rendu de celle qui fut exécutée pour les opérations de la mesure des degrés du méridien terrestre vers le cercle polaire : « Nous avions une pendule de M. Julien le Roy, dont l'exactitude nous a paru merveilleuse dans toutes les observations que nous avons faites avec. » (*Maup.*, Fig. *de la terre*.)

Quant aux pendules à équation de toute espèce, on peut voir ce qu'elles lui doivent, dans les Mémoires de l'Académie, année 1725. On voit aussi (*Mém. acad.*, 1741.) que l'Horlogerie lui doit la compensation des effets de la chaleur et du froid sur le pendule, au moyen de l'alongement inégal de divers métaux.

Julien le Roy s'est encore distingué par la construction de ses montres et pendules à trois parties, des divers échappemens qu'il a inventés ou perfectionnés, des réveils dont il a donné la description dans la règle artificielle du tems, de ses répétitions sans rouages, etc.

Enfin, ses lumières et ses vues se sont portées

jusque sur les horloges publiques. Il est, comme on sait, l'inventeur de celles qu'on nomme *Horloges horizontales*, qui ont fait abandonner les autres. De onze pièces, dont la cage de ces machines était composée, il n'a retenu que le rectangle inférieur; par ce moyen, l'horloge beaucoup plus facile à faire et moins coûteuse, est encore infiniment plus parfaite.

A tant d'heureuses inventions, on pourrait joindre celles dont leur auteur a enrichi la gnomonique, telles que son cadran universel à boussole et à pinules, son cadran horizontal universel, propre à tracer des méridiennes, au moyen de son axe percé de plusieurs trous et d'échelles des hauteurs correspondantes gravées sur son plan, etc. On peut, sur ces articles, consulter ses Mémoires à la suite de la règle artificielle du tems.

Ces nombreuses découvertes lui méritèrent la haute réputation dont il a joui, son logement aux galeries du Louvre, et le brevet d'Horloger du roi, mais elles firent aussi la première réputation de l'Horlogerie française.

Si le rare génie de Julien le Roy a donné une aussi forte, aussi durable impulsion à son art, ses procédés généreux envers ceux qui le cultivaient, n'ont pas moins contribué à sa perfection. Loin d'être de ces hommes mercenaires, dont le but unique est de s'approprier le fruit des talens et des travaux des autres, et de s'engraisser, pour ainsi dire, de leur substance. Cet artiste célèbre était le premier à augmenter le prix de leurs ouvrages, lorsqu'ils avaient réussi, et très-souvent il portait ce prix fort au-delà de leur attente.

Après une telle conduite, s'étonnera-t-on de ce concours d'ouvriers en pleurs qui suivait sa pompe funèbre ? Sera-t-on surpris de leur avoir entendu proférer en soupirant, qu'ils avaient perdu leur soutien, leur appui, leur père.....

Ce jour de deuil arriva le 20 septembre 1757 (*).

(*) Personne, et j'en fais vanité, ne respecte plus que moi les ouvrages et la mémoire de Julien le Roy. Cet artiste justement célèbre, est mort depuis plus d'un demi-siècle ; mais pour ceux qui aiment les chefs - d'œuvre de tous les tems, il n'est pas inutile, dans celui-ci, de bien répéter au public que, depuis vingt-cinq ans, Julien le Roy n'a plus d'héritier de son nom, exerçant l'art de l'Horlogerie.

ARTICLE II.

De la Dilatation et de la Condensation des métaux par le chaud et le froid.

Correction de ces effets dans le Pendule.

C'est une vérité reconnue et prouvée par l'expérience, que la chaleur dilate tous les corps, et que le froid les condense; et que, par conséquent, les corps sont plus grands en été qu'en hiver, et le jour que la nuit. (*Essai sur l'Horl.*, tom ii, chap. xx.)

On sait aussi qu'un pendule qui est plus long fait des vibrations plus lentes; et que s'il est plus court, ses vibrations sont plus promptes. Or, la chaleur dilatant la verge du pendule en été, on voit que l'horloge doit retarder, et qu'en hiver elle doit avancer par l'effet contraire. Il est donc essentiel, pour la perfection des machines qui mesurent le tems, de connaître les quantités de la dilatation et de la condensation des différens métaux par le chaud et par le froid, et de trouver les moyens de corriger ces effets.

Par des expériences exactes, faites sur des verges de différens métaux, de 461 lignes de longueur, passant du froid de la glace au 27e degré du thermomètre de Réaumur ; Ferdinand Berthoud a trouvé les rapports suivans :

Acier recuit, 69 ; fer recuit, 75 ; acier trempé, 77 ; fer battu, 78 ; or recuit, 82 ; or tiré à la filière, 94 ; cuivre rouge, 107 ; argent, 119 ; cuivre jaune, 121 ; étain, 160 ; plomb, 193 ; le verre, 62 ; le platine, à peu près comme le verre.

Les quantités ci-dessus expriment des trois cent soixantièmes de ligne ; ainsi l'acier recuit donne pour la quantité absolue de son alongement, sur 461 lignes, soixante-neuf trois cent soixantièmes de ligne, en passant du terme de la glace à vingt-sept degrés de la chaleur donnée par le thermo-mètre de Réaumur (*).

---

(1) Le garde-fou du Pont des Arts a 516 pieds de long $= 74304$ lignes. Une barre de fer battu s'alongeant de $\frac{78}{300}$ de ligne sur 461 lignes de long,

il doit y avoir une différence de 34 lignes $\frac{92}{100}$ sur 74304 lignes en passant du terme de la glace à la chaleur de 27 degrés, et l'on éprouve bien d'autres extrèmes en plein air. Soit inattention, soit ignorance de la part des entrepreneurs, on avait scellé le garde-fou dans la maçonnerie, qui fut déplacée de 18 lignes de chaque côté au bout de six mois ; il fallut donc reconstruire les pilastres en pierre et laisser la liberté au fer. On a pratiqué à chaque

C'est vers le commencement du dix-huitième siècle, après l'invention d'un échappement qui décrivait de petits arcs et perméttait l'emploi d'une lentille pesante, que le pendule est devenu un régulateur assez parfait pour faire connaître qu'en passant de l'été à l'hiver, l'horloge éprouvait des variations, et pour en indiquer les véritables causes; car on savait dès-lors que les métaux éprouvaient de l'extension par la chaleur, et de la contraction par le froid. Ce changement avait été aperçu par Vendelin, dans le siècle précédent.

La théorie du pendule, si bien établie par Galilée et Huygens, prouvait que par le changement de sa longueur, les oscillations ne conservaient plus la même durée; car, suivant cette théorie, *les durées des vibrations, dans les pendules, sont entre elles comme les racines carrées des longueurs de ces pendules* (*) ; et le calcul apprend

-----

extrémité une division qui indique les changemens de longueur par les diverses températures. Cet instrument très-simple peut fournir d'utiles observations aux architectes, et leur faire sentir le danger des armatures en fer employées dans la plupart des constructions modernes. Il serait difficile d'imaginer un moyen de dégradation plus constamment actif.

(1) Cinquième partie, art. VII, pag. 147.

que si, dans le pendule qui bat les secondes, ou qui a trois pieds huit lignes et demie, la longueur change de la centième partie d'une ligne, l'horloge variera d'une seconde en 24 heures; et si le pendule bat les demi-secondes, la centième partie d'une ligne fera varier l'horloge de quatre secondes dans le même tems.

« Après avoir reconnu ces variations de l'horloge et les causes qui les produisaient, les artistes se sont occupés des moyens de correction; et ils les ont trouvés dans la cause même. Pour cet effet, ils ont employé la dilatation du métal à ramener continuellement la lentille du pendule à la même distance du point de suspension; cette première idée a produit ce qu'on appelle une *contre-verge*, ou verge de fer semblable à celle du pendule et de même longueur; cette verge étant fixée par le bout inférieur au mur solide auquel est attachée l'horloge, le bout supérieur, qui est coudé, soutient le ressort qui suspend le pendule; ensorte qu'à mesure que la dilatation alonge la verge du pendule, la même dilatation alonge la contre-verge et remonte le ressort de suspension; ce ressort, pincé par le coq ou pont qui fixe le point de suspension, devient nécessairement plus court et ramène le pendule à la même longueur. Tel est le principe de ce premier moyen de compensation qui agit hors du pendule.

» Un autre moyen très-ingénieux, c'est celui qui est fondé sur les dilatations différentes qu'éprouvent deux métaux exposés à la même chaleur ; celui-ci s'adapte au pendule même, dont la verge devient composée de plusieurs barres de deux métaux. On fait servir l'excès de la dilatation du métal le plus extensible, à remonter la lentille, afin qu'elle conserve toujours la même distance au point de suspension. Tel est le principe de compensation qui s'applique au pendule même, et pour le succès duquel il faut que les longueurs des verges soient en raison inverse de leurs dilatations ; ensorte que si l'artiste emploie, dans la composition d'un pendule, des verges d'acier recuit et de cuivre jaune, il faudra, pour obtenir une compensation complète, que le produit des longueurs des barres d'acier par 121, soit le même que celui des longueurs du cuivre par 69.

» Le principe d'excès de dilatation de deux métaux est également applicable au compensateur placé hors du pendule. Après ce court exposé du principe de compensation dans le pendule des horloges, nous allons en établir l'origine, et indiquer les auteurs à qui ces inventions appartiennent ou qui les ont perfectionnées.

Georges Graham fut le premier qui s'en occupa. Il employa d'abord le mercure, qui, placé dans un tube attaché au bas du pendule, en se dilatant, remonte le centre d'oscillation de la même quantité que la dilatation de la verge du pendule l'avait fait descendre. Ce fut en 1715 que Graham fit cette découverte ; il exposa sa recherche, dans un Mémoire qui fut imprimé en 1726 (*).

L'auteur propose aussi, dans ce Mémoire, d'employer deux métaux dont les dilatations diffèrent le plus entre elles, comme l'acier et le cuivre.

Le moyen indiqué par Graham, conçu et développé par Jean Harrison, produisit le pendule composé de neuf triangles, porté à sa perfection dès l'année 1726 ; et même dans la suite Graham employa, dans ses horloges astronomiques, le pendule de Harrison, qu'on nomme en Angleterre *le pendule à gril*, et qui est généralement employé de nos jours.

« Cette recherche de l'artiste anglais a été le fondement de tout ce qui s'est fait depuis sur cette matière, l'une des plus importantes de la mesure du tems ; car, sans la compensation des effets de la température dans les horloges à pendule, ces machines feraient des écarts de 20 se-

______

(*) *Trans. Philos.*, année 1726, art. IV, p. 40, n° 392.

condes

condes par jour (*) de l'été à l'hiver, lorsque l'horloge passerait de la glace à la température de 27 degrés du thermomètre de Réaumur. »

M. Regnauld , horloger à Châlons, s'était occupé, dès 1733, de la correction des effets de la température sur le pendule. (*Traité d'Horl.* de Thiout, *tom.* 11, *pag.* 267.)

En 1739, Julien le Roy soumit au jugement de l'Académie des Sciences une horloge astronomique , avec un très-bon mécanisme de compensation hors du pendule. (*Thiout*, tom. 11, pag. 272.)

M. Deparcieux , à qui l'on doit l'estimable

(*) Une verge de fer battu s'alongeant de $\frac{78}{360}$ de ligne sur 461 lignes de longueur , ne s'alongera que de $\frac{73}{360}$ sur 444 lignes, longueur du pendule à secondes ; ce qui produirait $20'' \frac{1}{15}$ de retard en vingt-quatre heures, c'est-à-dire $86400''$ divisées par $\sqrt{1,00047}$. Suivant cet énoncé, la dilatation du cuivre jaune pour 27° est $= \frac{1}{1371} = 0,00072909$; elle du fer $= \frac{1}{2128} = 0,00046999.$

P

projet d'amener à Paris les eaux de l'Yvette (*), proposa, en 1739, plusieurs constructions de pendules composés. (*Mém. acad.*, 1741.)

M. Cassini, à peu près vers le même tems, remit à l'Académie des Sciences un Mémoire dans lequel il proposait plusieurs moyens de correction des effets du chaud et du froid sur le pendule. (*Hist. acad.*, 1741.)

M. de Rivaz, en 1749, composa un pendule avec un métal dont la dilatation était double de celle du fer : ce métal était renfermé dans un canon de fusil qui formait la verge du pendule, d'où est venue vraisemblablement la dénomination de *pendule à canon de Rivaz*. (Essai, tom. II, pag. 130.)

Passemant, vers la même époque, employa un pendule formé par deux verges, l'une de cuivre, l'autre d'acier ; et ce qui manquait à la correction s'opérait par des leviers renfermés dans la lentille.

M. Ellicot, horloger à Londres, publia, en

(*) M. Perronet n'opposait à ce projet que la faible objection de l'habitude des monumens fastueux, maladie nationale qui tue tant d'utiles établissemens, retardés, négligés, oubliés, parce qu'on leur veut de superbes enveloppes. (*Mirabeau l'aîné*, sur les Eaux, etc.)

1753, un ouvrage ayant pour titre : *Description de deux Méthodes par le moyen desquelles les irrégularités du mouvement des horloges, dépendantes de l'influence du chaud et du froid sur la verge du pendule, peuvent être corrigées.* Ce Mémoire avait été lu à la Société Royale le 4 juin 1752.

La première de ces méthodes consiste dans le pendule lui-même. L'horloge, faite exprès et avec son pendule, fut exécutée au commencement de 1738. (*Hist. de la Mesure du Tems*, tom. II, pag. 77.)

La seconde méthode proposée par M. Ellicot se rapporte aux contre-verges employées en France par M. Deparcieux, etc.

Lepaute, dans le Traité d'Horlogerie qu'il fit avec M. de Lalande en 1755, donne la construction d'un pendule pour la compensation des effets de la chaleur et du froid. (Lepaute, *Traité d'Horl.*, pag. 21.)

Enfin, au commencement de 1763, un génie supérieur, espèce de phénomène dont l'Helvétie offrit diverses apparitions dans ce siècle (*), pu-

---

(*) Jaquet Droz, mécanicien célèbre qui, même après le flûteur de Vaucanson, trouva le secret d'étonner la capitale avec d'autres merveilles de ce genre. La famille Droz est distinguée depuis

blia , sous le titre modeste d'*Essai*, le premier ouvrage où l'on trouve les principes de l'art de mesurer le tems ; principes créés par l'auteur, prouvés par des calculs rigoureux, et confirmés par des expériences délicates.

Les chapitres XXI, XXII et XXIII de cet immortel ouvrage, renferment la suite des travaux de F. Berthoud pour arriver à une exacte compensation des effets du chaud et du froid sur le pendule. Le résultat de ces pénibles recherches est un pendule à châssis, dont les dimensions et les effets sont absolument les mêmes que dans le *pendule à gril* de Harrison.

---

long-tems à la Chaudefond , et de nos jours à Paris, à la monnaie des médailles.

J. J. Rousseau, cet homme de feu, dont la sublime éloquence nous fait quelquefois oublier que ses principes ne sont pas toujours vrais.

M. Necker, digne d'une assez grande réputation comme écrivain, mais qui, selon Mirabeau, n'en méritait que très-peu comme administrateur. « Il sut tracer des pages éloquentes sur le sujet aride des finances, plaider en même tems la cause du peuple et faire aimer le roi, révéler des vérités affligeantes, et présenter à côté l'espérance et les consolations. »

« Mais le pendule inventé par Harrison, en 1726, n'a été connu en France que vers le milieu de 1763 ; et à cette époque les artistes français étaient parvenus à donner à cette partie de l'horloge toute la perfection dont elle est susceptible. Les détails de cette recherche avaient été publiés dans les Mémoires de l'Académie des Sciences ; le Traité de Thiout en 1741. le Mémoire de Rivaz en 1750, le Traité de Lepaute en 1755, et l'Essai sur l'Horlogerie, de F. Berthoud, au commencement de 1763 ; tandis que le seul écrit publié en Angleterre, avec les détails convenables et les figures, est celui de M. Ellicot, en 1753 ; d'où l'on voit que les artistes français ont tiré de leur propre fonds et de leur expérience tout ce qui appartient à ce travail. »

ARTICLE III.

De l'influence du Chaud et du Froid sur la force élastique du Ressort spiral.

Corrections de ces effets dans le Balancier.

« LES horloges dont le régulateur est un balancier à spiral, comme cela se pratique dans les montres, éprouvent des variations considérables par l'action de la chaleur et du froid sur le balancier, et particulièrement sur le spiral : les quantités de ces écarts peuvent s'élever jusqu'à près de 8 minutes en 24 heures; tandis que dans les horloges à pendule ces différences, par les mêmes degrés de chaud et de froid, ne s'élèvent qu'à 28 secondes dans le même espace de tems. (Art. précéd.)

» On savait bien que le balancier se dilatait par la chaleur, ainsi que fait le pendule; mais on jugeait, avec raison, ces quantités trop petites pour produire d'aussi grandes erreurs : ce n'a été que vers le milieu du siècle qu'on a découvert la principale cause de ces grandes variations du balancier à spiral, et on l'a trouvée dans le spiral même, dont la force élastique change assez considérablement par les diverses températures, pour produire elle seule la plus grande partie des écarts qui ont été reconnus.

Dans le Mémoire de D. Bernoulli, qui remporta le prix de l'Académie en 1747, on voit que ce célèbre géomètre doutait encore du changement de l'élasticité des ressorts par les diverses températures; la Physique n'avait en effet aucun moyen de s'en assurer. Cette expérience était trop délicate pour être faite avec des instrumens ordinaires.

Il a donc fallu recourir à un instrument plus subtil, une horloge à balancier à spiral. A l'aide d'un pareil instrument, on peut mesurer la plus insensible variation de l'élasticité dans le ressort spiral ; parce que cet effet est multiplié et répété autant de fois que le balancier fait de vibrations : s'il en fait cinq par seconde, comme dans les montres de Arnold, Mudge, etc., il y en a dix-huit mille dans une heure, ou quatre cent trente-deux mille en vingt-quatre heures.

Les premiers principes qui ont été publiés sur les effets du chaud et du froid sur les montres, et les détails concernant les moyens de correction de ces effets, se trouvent dans l'*Essai sur l'Horl.*, tom. II, chap. XXX et XXXI, n° 1880 et suiv. C'est une théorie curieuse, tout-à-fait inconnue avant Berthoud.

Cette espèce de compensation par les frotte-mens, quoique suffisante dans les montres ordinaires, ne peut pas être employée dans celles où l'on exige une justesse constante ; car les frotte-mens des pivots venant à varier par les divers états de l'huile, la compensation n'a plus lieu de la même manière.

Pour obvier à ces difficultés, F. Berthoud cons-truisit des montres avec une compensation à peu près semblable à celle des horloges astronomiques. (*Essai*, n° 2121.)

« Par cette méthode, il faut restituer au ressort spiral la force qu'il perd par l'action de la chaleur, soit par son alongement, soit par la diminution de l'élasticité ; il faut de plus corriger le retard causé par l'augmentation de diamètre dans le balancier : le contraire arrive par le froid. »

Pour opérer cette compensation, on fait tourner autour du spiral un bras de levier portant deux chevilles qui pincent la lame du ressort par son tour extérieur et fixent sa longueur. Le mouvement du levier est produit par l'action de la chaleur ou du froid sur un châssis composé de verges d'acier ou de cuivre (*Traité des Horl. marines*, n°⁵ 814, 870, pl. XVI, fig. 2 ; pl. XIX, fig. 2 et 3), ou par une lame composée de ces deux métaux fixés ensemble, etc. (*Id.*, pl. XXI, fig. 1, 2 et 3, n° 1064.)

La seconde espèce de compensation est produite par le balancier lui-même, qui porte des parties rendues mobiles par l'action du chaud et du froid ; ces parties mobiles se rapprochent du centre du balancier par la chaleur, et s'en écartent par le froid. Par cette méthode, le balancier produit non-seulement la correction pour le changement arrivé à son diamètre, mais encore pour celui qui dépend de la diminution de l'élasticité du spiral par la chaleur, etc. (*Traité des Montres à longitudes*, n° 724 et suiv.)

La troisième méthode de compensation est produite en partie par les masses mobiles du balancier, et ce qui manque à la correction est acheve par un mécanisme qui agit uniquement sur le spiral.

F. Berthoud est, je crois, le seul qui ait employé cette espèce de compensation mixte (*Traité des montres à long.*, p. 173.). Lorsque cet artiste proposa la première construction de balançier composé (*de la Mesure du Tems*, pl. XI, fig. 9), il y avait dix ans que l'on faisait en Angleterre d'excellentes montres avec un *balancier compensateur* (*Hist. de la Mesure du Tems*, pl. XVI, fig. 8, 9 et 10), et que les Horlogers de Londres avaient mis à profit cette importante leçon de l'auteur du Traité des Horloges marines : « On pourrait aussi parvenir à la compensation, en plaçant à la circonférence du balancier deux masses diamétralement opposées ; ces masses seraient fixées sur deux lames composées d'acier et de cuivre, rivées l'une sur l'autre ; la chaleur agissant sur ces lames, obligerait les masses à se rapprocher du centre, etc. ; mais il ne m'a pas paru qu'aucun de ces moyens portât avec lui la précision si indispensable pour l'objet en question. » (*Traité des Horl. marines*, 1re part., n° 261.)

Ainsi F. Berthoud, dans toute la vigueur d'une constitution forte (*), n'a pas même achevé le dé-

___

(*) Il avait alors 46 ans, étant né en mars 1727, à Plancemont, montagne du Jura, comté de Neufchâtel.

veloppement de cette méthode avant que de la rejeter ; cependant elle est la seule qui présente l'avantage inestimable de ne pas changer la longueur du spiral, et de conserver son isochronisme. Comment se peut-il que la théorie du spiral (*Traité des Horl. marines*, n° 137 et suiv.) et la condamnation de la méthode conservatrice de l'isochronisme aient existé à la fois dans la même tête ?

Quelque tort que l'amour de notre art ait fait à notre fortune, nous nous détacherons difficilement de ce qui peut contribuer à sa gloire, et nous serons toujours péniblement affectés de cette indécision, ou plutôt, osons le dire, de cette contradiction d'un grand maître.

Rien n'est plus contraire aux progrès de l'Horlogerie et à l'instruction des citoyens qui s'y dévouent, que cette variété de plans, cette multitude d'idées souvent contraires, qui, à l'époque où nous sommes, ne laissent plus à notre jugement assez de mobilité pour se prêter à l'inconstance d'une imagination aussi active, et nous sommes forcés de renvoyer à la mesure du tems, au Traité des Montres à longitude, à la suite de ce Traité, à son supplément, etc.

ARTICLE IV.

Découverte des Horloges marines.

Travaux de Harrison.

(*Histoire des Math.*, tom. IV, *pag.* 555.)

JEAN HARRISON, dès l'année 1726, était parvenu à corriger la dilatation des verges de pendules, de manière qu'il fit une horloge qui n'a jamais varié d'une seconde par mois. Vers le même tems, il fit une autre horloge destinée à éprouver le mouvement des vaisseaux sans perdre sa régularité.

En 1735, MM. Halley, Bradley, Machin, Graham et Schmit, étonnés du talent et des succès de Harrison, attestèrent dans un écrit signé d'eux, qu'il avait découvert et exécuté avec beaucoup de peines et de dépenses une machine pour mesurer le tems en mer, sur des principes qui paraissaient promettre une précision très-suffisante pour trouver la longitude ; en conséquence ils estiment que Harrison a mérité le plus grand encouragement de la part du public, et qu'il importe de faire l'épreuve des différentes inventions par lesquelles il est parvenu à prévenir les irrégularités qui proviennent naturellement des différens degrés de température et du mouvement des vaisseaux.

Au mois de mai 1736, l'horloge de Harrison fut mise à bord d'un vaisseau de guerre qui allait à Lisbonne : le capitaine *Roger Wills* attesta par écrit, qu'à son retour Harrison avait corrigé, à l'entrée de la Manche, une erreur d'environ un degré et demi qui s'était glissée dans l'estime du vaisseau', quoiqu'on cinglât presque directement vers le nord.

Ce fut alors que Harrison crut pouvoir s'adresser aux commissaires des longitudes. Muni des certificats convenables de ses premiers succès, il exposa les vues tendantes encore à simplifier et réduire le volume de son horloge. Il fut accueilli, et reçut, en 1737, des secours propres à le mettre en état de suivre ses vues ; de sorte qu'en 1739 il produisit sa seconde machine. Elle fut soumise à de nouvelles expériences, dont le résultat fut qu'on pouvait espérer qu'elle donnerait la longitude dans les limites exigées par l'acte du parlement.

Harrison continua de travailler, et, en 1741, il produisit une nouvelle machine plus petite, et qui parut supérieure aux deux premières. Douze membres de la Société Royale attestèrent qu'elle leur paraissait plus commode, plus simple et moins sujette à se déranger ; ajoutant qu'ils ne pouvaient trop recommander aux commissaires de la longitude un homme doué de tant de talens, pour l'aider à mettre la dernière main à cette troisième machine.

Le 3o novembre 1749, M. Folkes, président de la Société Royale, annonça dans l'assemblée de cette illustre Compagnie, que Harrison avait obtenu le prix ou la médaille d'or qu'on donne chaque année à celui qui a fait l'expérience ou la découverte la plus curieuse, en conséquence de la fondation de M. Godefroy Copley, et que M. Hans Sloane, exécuteur testamentaire de M. Copley, avait recommandé Harrison à la Société Royale, à raison de l'instrument curieux qu'il avait fait pour la mesure du tems, le président lui adjugea cette médaille sur laquelle le nom de Harrison était gravé, et il prononça en même tems un discours où il fit connaître la singularité et le mérite des inventions de Harrison dans un assez grand détail. (*Connais. des Tems,* année 1765, *pag.* 227.)

On y voit « que Harrison, avant de venir à Londres, demeurait à Barrow, dans le comté de Lincoln, près de Barton-sur-l'Humbert. Il n'était pas destiné d'abord à la profession dans laquelle il a excellé depuis, mais il y fut porté par inclination et par curiosité ; il suivait son génie, et cela vaut mieux que tous les préceptes de l'art. Il travailla, dans sa jeunesse, avec son père, qui était charpentier et menuisier; cela lui fit examiner d'abord la nature du bois, et il y trouva quelques avantages qu'il sut mettre à profit. Il fit des horloges où les pivots étaient de cuivre et tournaient dans du bois, sans qu'il fût besoin d'huile et sans qu'il y eût de l'usure à craindre. Il employa aussi des rouleaux de bois à la place des ailes de pignons, et il s'en trouva très-bien ; enfin il imagina un échappement nouveau où la roue ne frottait point du tout sur les palettes ou sur la pièce d'échappement. » Ce discours contient la suite des Essais et des inventions de cet artiste célèbre.

Harrison avait fini sa troisième machine ; elle n'occupait pas plus d'un pied en carré, avec tout ce qui en dépend : il y avait ajouté beaucoup de perfections.

Enfin, en 1758 Harrison imagina une quatrième machine, qu'il a exécutée depuis ; mais, assez satisfait de la troisième, il crut enfin devoir s'adresser à la Commission des longitudes, qui, après divers délais, ordonna enfin, le 12 mars, que l'épreuve de la montre de Harrison serait faite, conformément à l'acte du parlement. Guillaume Harrison fut substitué à son père, sur sa demande, pour le voyage à faire à la Jamaïque. Cette destination fut choisie, tant parce que ce voyage est ordinairement de six semaines, que pour que la machine fût dans le cas d'éprouver des températures fort différentes.

Divers contre-tems le retardèrent cependant encore plus de six mois : enfin les instructions nécessaires pour diriger l'épreuve en question ayant été dressées de concert avec la Société Royale, Harrison le fils s'embarqua à Portsmouth sur le *Deptfort*, chargé de porter à la Jamaïque le gouverneur Littleton, et mit à la voile le 18 novembre 1761.

Les détails de sa traversée sont assez curieux. Après dix-huit jours de route, le 6 décembre, les pilotes du vaisseau se faisaient par 13 degrés 50 minutes de longitude *est* à l'égard de Portsmouth, tandis que l, montre donnait 15 degrés 19 minutes ; ainsi la différence était d'un degré et demi ; de sorte que déjà on la condamnait comme inutile et mauvaise : mais Harrison ayant dit qu'il se tenait pour assuré que, si l'île de Portland était bien marquée sur la carte, on la verrait le lendemain, le capitaine tint ferme pour ne pas changer de route, et en effet le lendemain à sept heures on découvrit cette île ; ce qui rétablit Harrison et son instrument dans l'estime de tout l'équipage du *Deptfort*, qui sans cela aurait été privé pendant tout le reste de la traversée des rafraîchissemens dont il avait besoin.

La reconnaissance de la Désirade, l'une des Antilles, fut pour Harrison un nouveau sujet de triomphe, car il l'annonça à point nommé au moyen de sa montre, ainsi que les autres îles qu'on rencontre de là jusqu'à la Jamaïque. Il toucha enfin le Port-Royal. On trouva qu'en supposant la longitude de Port-Royal telle que le donnait l'observation du passage de Mercure en 1743, de 5^h. $7'$ $2''$ de tems à l'ouest de Greenwich ; et à l'égard de Portsmouth, de 5^h. $2'$ $51''$, la montre avait marqué ce tems à $5''$ près ; car elle marquait à Port-Royal, après 81 jours, 5^h. $2'$ $46''$.

Le retour de Harrison à Portsmouth ne fut pas moins favorable à son instrument. Dés qu'il eut obtenu les certificats nécessaires des vérifications faites à la Jamaïque, il se rembarqua sur un très-petit bâtiment pour l'Europe. Harrison rentra à Portsmouth, après 161 jours depuis son départ. Quelques jours après on fit les observations nécessaires pour constater l'heure que marquait la montre après un intervalle de tems si considérable, et l'on trouva qu'elle l'avait conservée à $1'$ $5''$ près, ce qui ne donne qu'une erreur de 18 milles anglais, ou moins d'un tiers de degré dans deux traversées.

On ne laissa pas, dans le Bureau des longitudes, d'élever des difficultés tendantes à affaiblir ces avantages. Harrison répondit à ces difficultés d'une manière satisfaisante ; mais cela n'empêcha pas que le Bureau, ou entraîné par des suggestions dont Harrison s'est plaint, ou dans la vue de mieux constater la découverte, ne déclarât que ce voyage n'était pas suffisant, et qu'il n'en exigeât un second plus décisif ; mais en attendant il adjugea, le 17 août 1762, à Harrison, une somme de 2500 liv. sterling (61500 fr.) comme à compte sur la récompense, le surplus devant lui être délivré, si le second voyage avait un plein succès, et lorsque Harrison aurait dévoilé la construction de son horloge, et par là mis les artistes en état d'en fabriquer de semblables. Il y consentit, et demanda seulement 4 à 5 mois de délai pour faire quelques changemens à sa montre : mais, sur sa représentation, il fut décidé qu'il lui serait remis une somme de 5000 livres sterling au lieu de 2500, à la charge d'une nouvelle épreuve dans un voyage de six semaines, et du surplus des conditions exigées par le Bureau des longitudes.

Un acte de parlement, en 1762, exigea que Harrison, pour recevoir le prix, expliquât sa méthode aux commissaires. En même tems que cet acte passait dans les deux chambres sans aucune contradiction, le roi y ayant donné son *royal assentiment*, le duc de Nivernois, ambassadeur de France, fut invité à faire venir de Paris des personnes capables d'entendre et d'examiner la découverte de Harrison, qui allait être révélée aux onze commissaires. C'était une marque d'estime et d'amitié qu'on donnait à la France, et un moyen de rendre plus prompt, plus général et plus utile l'usage de cette machine. En conséquence, le ministre ayant consulté l'Académie des Sciences, chargea MM. Camus et Ferdinand Berthoud de se transporter à Londres, et de se réunir avec M. de Lalande, qui y était allé pour son instruction particulière. Ils virent toutes les machines que Harrison avait faites depuis quelques années; et Berthoud, qui avait douté d'abord du succès, admira son génie et ses ressources. Cependant l'explication et la publication du secret de la dernière, qui semblaient être prêtes à se faire, furent retardées. M. Maskelyne, qui soutenait la méthode des longitudes par la lune, et quelques-uns des onze commissaires, jugèrent qu'il était de leur devoir de s'assurer par eux-mêmes et par leur propre expérience, que les autres ouvriers seraient en état d'exécuter de semblables machines.

« Le 9 mai 1763, dit M. de Lalande, j'allai avec Ferdinand Berthoud chez Harrison; il nous fit voir trois horloges à longitudes. Ferdinand Berthoud les trouva très-belles, très-ingénieuses, très-bien exécutées; et quoique la régularité annoncée pour sa montre lui parût bien difficile à croire, il n'était que plus impatient de la voir après qu'il eut vu les trois horloges. Nous sollicitions les commissaires, M. Scott nous faisait espérer qu'il se contenterait, si les Horlogers déclaraient qu'ils étaient en état de faire une montre pareille à celle de Harrison, mais lord Morton et Charles Cavendish nous dirent que le parlement les blâmerait s'ils payaient si cher un secret, sans s'assurer de la réussite et de la sincérité de l'auteur.

» En conséquence, les commissaires requirent Harrison, le 13 avril 1763, de faire exécuter d'autres montres pareilles sous leurs yeux, et par des ouvriers dont on conviendrait, pour être ensuite examinées. Harrison leur représenta que l'acte du parlement n'exigeait point de lui des épreuves et des constructions nouvelles, mais seulement le détail et l'explication de la montre qui était faite; il offrit de l'expliquer de vive-voix et par écrit, avec les figures, les dessins et les procédés, de manière que tous les ouvriers fussent en état de l'exécuter. Mais une partie des commissaires ayant persisté à juger que cela n'était pas suffisant pour remplir l'objet et l'intention du parlement, les Français quittèrent l'Angleterre au mois de juin. » (*Connaiss. des Tems*, 1765, pag. 251.)

Harrison fils partit donc une seconde fois pour l'Amérique, le 28 mars 1764; le terme de son voyage fut seulement la Barbade, où il arriva le 13 mai, et il fut de retour en Angleterre le 18 septembre de la même année.

Ce second voyage ne laissa plus aucun doute sur le droit de Harrison à la récompense promise. Il fut décidé unanimement par le Bureau des longitudes, qu'il avait déterminé la longitude de la Barbade, même en-deçà des limites prescrites par l'acte de la reine Anne, pour la récompense entière. 5000 liv. sterl. lui furent accordées, le surplus devant lui être payé lorsqu'il aurait dévoilé la construction de sa montre et mis les artistes à portée d'en faire de semblables. Harrison satisfit à ces dernières conditions, suivant l'attestation que lui en donnèrent les commissaires nommés pour cet effet par le Bureau, et qui étaient tous des hommes célèbres; Nevil-Maskelyne, John-Mitchell, Ludlam, Bird, Mudge, Mathews et Kendal. Ils attestèrent que Harrison leur avait développé la construction et les principes de sa montre à leur entière satisfaction, etc. On parlait encore, avant de le payer entièrement, d'exiger de lui, indépendamment de cette explication, qu'il eût déjà mis quelque artiste en état de construire une semblable montre; mais sur ses réclamations l'on n'insista pas. En effet, il était tems que Harrison, âgé d'environ 75 ans, qui avait consacré sa vie entière à un objet aussi utile à l'Angleterre et à l'humanité entière, jouît de la récompense qu'on lui devait. Harrison obtint en 1765, 10,000 liv. sterl., ou 246,000 fr. (*Connais- des Tems*, 1767.)

Le parlement assigna en même tems une récompense de 3000 livres sterling au célèbre Euler de Berlin, une autre de 3000 aux héritiers de Tobie Mayer de Gottingue, en reconnaissance des Tables lunaires qu'ils avaient dressées, et une troisième récompense de 5000 liv. sterling fut promise à ceux qui feraient dans la suite des découvertes utiles à la navigation. Les principes de la montre de Harrison furent enfin publiés; mais, d'après les difficultés qu'il avait éprouvées, Harrison avait pris beaucoup d'humeur contre le genre humain,. ensorte qu'il n'eut pas la confiance d'employer qui que ce fût pour rédiger la description de sa montre. Son Mémoire est intitulé : *a Description concerning of Time, Mecanisme as Wrill af- ford a nice or true Mensuration of Time, Lond.* 1767; ouvrage qui prouve qu'autant il avait de génie pour l'invention, autant il était incapable de rédiger ses idées par écrit. Il mourut le 24 mars 1776, âgé de 82 ans.

ARTICLE V.

De quelques Ouvrages remarquables faits dans le cours du 18e siècle.

PENDULE à remontoir, dans laquelle le poids moteur ne descend que d'une ligne, étant remonté continuellement par l'action d'un ressort. Elle fut construite en 1717, par Gaudron. (*Règle artificielle du Tems*, pag. 423.)

Pendule à levier pour mesurer le tems en mer, par H. Sully. (*Recueil des Mach. de l'Acad.*, t. IV, page 75. *Hist. de la Mes. du Tems*, t. I, pag. 289.)

On trouve dans le Traité de Lepaute des pendules à une roue, par MM. de Rivaz, le Roy, Lepaute ; et une pendule qui est remontée par le seul mouvement de l'air, etc.

Pendule à équation, à deux aiguilles de minutes concentriques. (Berth., *Essai*, tom. I, pag. 79. *Mach. de l'Acad.*, tom. VII, pag. 425.)

Sonnerie d'heures et demies, propre à appliquer à une horloge qui marche un an sans avoir besoin d'être remontée. (*Essai*, t. I, chap. V, pag. 29.)

Pendule à équation par les causes qui la produisent, composition neuve et originale, par A. Janvier. (*Hist. de la Mes. du Tems*, tom. II,

(275)

pag. 228. *Connais. des Tems*, an XII ou 1804,
pag. 424.)

« Les horloges publiques ont été singulièrement
perfectionnées par les deux frères Lepaute, morts
en 1789 et 1802 ; on en peut juger par celle de la
ville de Paris, qui a été estimée 96,000 fr. » (*Voy.
sa Descript. hist. de la Mes. du Tems*, tome 1,
page 242.)

On doit à MM. Lepaute, neveu et fils, l'invention d'un remontoir sur le principe de celui de
le Bon. (*Thiout*, tome II, page 206) ; mais avec
une disposition qui assure l'uniformité de l'engrenage du pignon de la roue d'échappement avec
la roue motrice portée par le levier. Aucun remontoir connu ne présente autant de sûreté pour
ses effets et d'égalité pour la force motrice.

Echappement à détente par Pierre le Roy, fils
aîné de Julien le Roy. (*Recueil des Mach. de
l'Acad.*, tome VII, page 385.)

Echappement à repos pour les pendules, par
Lepaute. (Pl. XIV *du Traité d'Horl.* de cet
artiste.)

Echappement pour rendre isochrones les vibrations d'inégale étendue dans les pendules à ressort. (*Essai*, tome II, pl. XXIII, fig. 3.) Cet
échappement, facile à concevoir, ne présente pas
assez de difficultés d'exécution pour être aussi peu
usité, et il réussit tellement quand le poids de la

lentille, les courbures de l'ancre et la force du ressort sont bien déterminés, que la force motrice la plus variable ne cause pas la moindre altération dans la durée des oscillations du pendule, quelle qu'en soit l'étendue.

Echappement à repos sur des leviers mobiles, fréquemment employé par M. Breguet dans ses pendules à trois roues. (*Mém.* de M. François Callet, professeur de mathématiques, etc.)

Echappement libre, à détente à deux arrêts, par M. Robert Robin, broch. *in-*8°, avec figures. (*Hist. de la Mesure du Tems*, tome II, p. 36.)

Echappemens libres, de Ferd. Berthoud. (*Traité des Horl. marines*, pl. XIX, fig. 4, 5, 6 et 7. (*De la Mes. du Tems. Traité des Montres à long.*, etc.)

Echappemens libres de Thomas Mudge. (*Hist. de la Mesure du Tems.*)

Echappement à force constante, par Charles Halley (*Répert. des Arts et Manuf.*, n° 33, fol. 145, 6e vol., août 1796.)

Echappement à force constante, par M. Breguet. (*Hist. de la Mes. du Tems*, tom. II, pag. 55. *Hist. des Math.* tom. III, pag. 794.)

« On a fait dans ce siècle plusieurs machines qui représentent les mouvemens célestes. Celle de Pigeon d'Osangis a eu de la réputation. (*Descript.*

cript. d'une sphère mouv., par J. Pigeon. Paris, 1714.) »

On trouve dans le Recueil des Mach. de l'Acad., tom. **v**, pag. 15-21, la Description et la figure du globe céleste, inventé par l'abbé Outhier, exécuté en 1727 par J.-B. Catin, au fort du Plane, dépt. du Jura.

La sphère que Passemant composa pour Louis XV, et qui fut exécutée par Dauthiau, était remarquable par l'exactitude avec laquelle les roues et les pignons représentaient les révolutions des planètes. Passemant disait avoir employé vingt ans aux calculs de cette machine; s'il eût été dans la bonne route, il aurait pu faire ce travail en huit jours, ce qui prouve l'utilité des procédés mathématiques dans toutes les choses qui sont de leur ressort. M. de Lalande a publié (*Traité d'Horlogerie de Lepaute*, p. 261.) une méthode pour faire ces calculs par les fractions continues. Cette méthode, suivie par Huyghens (*Hugenii, opusc. posth.*, p. 448.), a l'avantage de fournir des valeurs approchées exprimées par les plus petits nombres possibles; mais elle n'est pas à la portée de beaucoup d'artistes.

Depuis la dernière publication de cet ouvrage, j'ai eu la facilité de consulter les registres de l'Académie royale des Sciences; en voici un extrait, du samedi 6 septembre 1749.

« MM. Camus et Deparcieux ont parlé ainsi de la sphère mouvante suivant le système de Co-

Q

pernic , présentée par M. Passemant. Feu M. Pigeon avait déjà fait trois sphères mouvantes semblables à celle dont nous rendons compte ; mais il n'avait point eu l'attention de faire faire les révolutions des planètes dans des tems aussi précis qu'il était possible. Le P. Alexandre , dans son Traité général des Horloges , avait donné le moyen de trouver le nombre des dents des roues et pignons , pour faire faire aux planètes des révolutions dans des tems les plus approchans qu'il est possible , des véritables tems que les planètes emploient à faire le tour du zodiaque ; ensorte qu'en joignant les observations du P. Alexandre à l'arrangement des pièces du sieur Pigeon , l'on pouvait faire une sphère mouvante , dont les révolutions des planètes fussent aussi exactes qu'il était possible.

» M. Passemant , en donnant à ses roues et à ses pignons des nombres de dents différens de ceux que le P. Alexandre a trouvés , est venu à bout de faire faire aux planètes autour du soleil , à la lune et à ses nœuds autour de la terre , des révolutions assez précises pour qu'il n'y ait point un degré d'erreur en 2000 ou 3000 ans (*). »

(*) Suit la description du mécanisme employé dans cette machine pour produire l'équation du tems , et que l'on trouve dans le Traité d'Horlogerie de Lepaute , p. 215. Pour les quantièmes du mois,

Une semblable exactitude a pu me surprendre à l'âge de 20 ans ; mais aujourd'hui ce n'est à mes yeux que le résultat de longs et pénibles tâtonnemens. Le tableau du rouage employé dans cette machine, suffit pour démontrer que l'auteur est resté bien au-dessous du P. Alexandre, et n'est parvenu à cette approximation qu'en multipliant le nombre des roues sans nécessité.

La première roue de l'horloge qui fait marcher la sphère tourne avec une vîtesse de 5 jours $=$ 120 heures ; elle porte la poulie du poids. Cette roue donne le mouvement à la roue primitive du rouage des planètes, et celle-ci fait une révolution en 48 heures $= 172800''$. Telle est l'unité de vîtesse d'après laquelle les révolutions des planètes sont établies dans cette machine.

Une suite de cinq roues motrices et de cinq roues menées, produit la révolution périodique de la lune. Ces roues sont :

R. motrices. 72.25.20.41.20.
R. menées. 73.54.44.31.73.

Et la roue 72 tournant avec une vîtesse de 48^h, on trouve que la dernière roue menée 73 achève

celui de la lune et ses phases, Passemant a suivi la construction d'Enderlin ; on peut en voir les détails dans Thiout, tom. 11, page 252.

sa révolution en $27^j\ 7^h\ 43'\ 4''\ 58'''$, durée de la révolution de la lune.

La roue 73 porte une roue de 31 qui mène une roue de 101; celle-ci porte une seconde roue de 85 qui engrène dans une roue de 84 et lui donne la vîtesse de Mercure $= 87^j\ 23^h\ 14'\ 15''\ 56'''$, ce qui forme une suite de sept roues motrices et sept roues menées, pour faire tourner cette planète autour du soleil.

R. motrices. 72.25.20.41.20. 31.85.
R. menées.   73.54.44.31.73. 101.84.

La roue 84 porte une roue de 35 qui mène une roue de 44 fixée sur un pignon de 8 engrenant dans une roue de 51, à laquelle est attachée une roue de 83 qui conduit la roue annuelle de 43 dents. De sorte que, pour arriver au mouvement de transposition de la terre autour du soleil, l'on a une suite de dix roues motrices et dix roues menées (*).

(*) Le jeu de dix engrenages, porté sur un rayon aussi petit que celui de la dernière roue, produit une erreur de 7 ou 8 degrés; cet écart est bien plus considérable sur les trois planètes supérieures dont les révolutions, ainsi que celle de Vénus, sont produites par une suite de douze roues motrices et de douze roues menées.

R. motrices. 72.25.20.41.20. 31.85.35. 8.83.
R. menées.   73.54.44.31.73.101.84.44.51.43,

qui produisent une révolution de 365*j* 5ʰ 48′ 58″, ce qui est tellement défectueux en horlogerie, qu'on serait tenté de croire que l'auteur d'une semblable série n'avait aucun principe de cet art, surtout si l'on considère que, depuis long-tems, le P. Alexandre avait donné le moyen de représenter une révolution annuelle aussi exacte, par un rouage de la plus grande simplicité. (*Traité général des Horloges*, pag. 181.)

Rouage du P. Alexandre, motrice de 24 heures.

Pignons.   7. 8.14.   Durée. 365*j* 5ʰ 48′ 58″.
Roues.   50.69.83.

Dans une Notice distribuée durant l'exposition des produits de l'industrie française, au Louvre (1801), l'on a donné au public des calculs de rouages qui ne produisent une erreur d'un degré qu'après 40 mille, 208 mille et même 774 mille ans ; et le plus compliqué de ces rouages n'a pas au-delà de quatre roues et quatre pignons. Il n'en faut pas même davantage pour représenter la grande période du mouvement des étoiles en longitude, par la différence des retours au méridien pour une étoile quelconque, et le point de l'équateur avec lequel elle passait la veille.

(*Des Révolutions des Corps célestes par le mécanisme des rouages*, page 114.) Passemant mourut en 1769.

Les nombres employés dans la pendule planétaire, exécutée par Mabille pour le prince de Conti, furent calculés avec plus de soin que ceux de Passemant, par Baffert, horloger, en employant la méthode de Camus. (*Cours de Math.*, tom. IV, page 399.)

Celle de Fortier, notaire, exécutée par Stolverck, eut de la célébrité il y a soixante ans.

Castel, secrétaire du Roi, s'occupa long-tems de semblables machines, et y dépensa beaucoup d'argent.

Le frère Paulus, jésuite, fit pour le prince Charles de Lorraine, une machine planétaire, vers 1765. Elle fut enrichie, en 1780, de cadrans en émail, précieusement exécutés par Coteau.

« En 1784, Antide Janvier apporta à Paris deux petites sphères qui représentaient tous les mouvemens célestes : M. de Lalande engagea M. de Laferté, intendant des Menus-Plaisirs, à les faire acheter par le Roi, et à procurer à l'auteur un établissement dans la capitale, etc. En 1789, il termina une grande pendule planétaire, qui était très-singulière à plusieurs égards ; elle fut achetée par le Roi le 29 juin 1789. (*Hist. des Math.*, tome III, page 797.)

» Mais en 1800, A. Janvier en a présenté une à l'Institut, qui surpasse de beaucoup tout ce qui

avait été fait, comme on le voit dans la Connaissance des Tems, an 1804, page 425. Il y donne
une démonstration sensible des effets du mouvement du soleil, combiné avec son mouvement
diurne, pour marquer à la fois le tems moyen, le
tems sidéral, le tems vrai, la durée du jour, le
lever et le coucher du soleil pour un horizon
quelconque ; enfin, le mouvement moyen de la
lune, tant en longitude qu'en latitude ; celui de
ses nœuds, ses phases, ses passages au méridien,
son lever, son coucher et ses conjonctions éclip-
tiques.

» Enfin cet artiste en a composé une troisième
plus parfaite encore que celles de 1789 et 1800.
(*Hist. de la Mesure du Tems*, tome II,
page 207.) »

La pendule de M. Robin, connue sous le nom
de *Pyramide*, n'est pas dans la classe des machines qui représentent les mouvemens célestes ;
mais nous la citons comme un chef-d'œuvre de
goût et d'exécution. Peu d'hommes sont en état
d'apprécier la boîte, dont les ajustemens, fruits
de la rare intelligence et des talens distingués de
M. Ferdinand Swerdfeger, ne furent pas même
connus de M. Robin avant la fin de l'exécution (*).

(*) En 1810, je n'avais rapporté ce fait que d'a-
près mes souvenirs. M. Robin fils ayant prétendu

Qu'il me soit permis, en terminant cette Notice, de faire mention du vénérable auteur de mes jours, cet homme de la nature, qui fut obligé de tout créer pour l'exercice d'un art qu'il avait développé dans sa tête avant de quitter la charrue ; et qui, dès qu'il eut manié la lime et le compas, ne conçut et n'exécuta rien de médiocre, depuis la simple horloge de bois, par où il commença, jusqu'à l'horloge astronomique la plus exacte.

Né aux champs, privé de toute ressource, sans fortune, mon père n'a dû qu'à la nature les premiers principes de l'art de mesurer le tems. Ses progrès, il ne les a dus qu'à lui-même. Sans maître, il a pu du moins être le mien. DE LOIN COMME DE PRÈS, il n'a cessé de m'encourager par ses conseils, de m'aider dans mes entreprises, de me procurer tous les moyens de perfection qui étaient à sa portée. Alors satisfait d'avoir rempli jusqu'au terme de la vie, les devoirs chers à son cœur, d'époux, de père et de citoyen, sa dernière

---

que *j'étais mal informé*, j'ai consulté M. Ferd. Swerdfeger, qui vit encore et m'a confirmé dans mon opinion, en y ajoutant plusieurs particularités qui m'étaient inconnues.

C'est le même artiste qui a composé et exécuté la boîte de la pendule de MONSIEUR, aujourd'hui LOUIS XVIII ; les bronzes des portes, les serrures, l'ajustement des glaces, tout est l'ouvrage de cet homme extraordinaire.

leçon à ses enfans fut d'aimer leur pays, de s'entre-
aider mutuellement, de chérir et respecter les
humains.

« O toi ! mon guide et mon modèle,
» Durable objet de ma douleur,
» Toi qui, malgré la mort cruelle,
» Respires encor dans mon cœur,
» Entends ma voix, ombre immortelle. »

Et vous, Magistrats généreux, qui vous empres-
siez d'investir de votre bienveillance et de votre
recommandation l'homme de bien qui fut constamment l'exemple des pères et des citoyens ; qui
vous plaisiez à le considérer comme ayant donné
la plus utile et la plus durable impulsion à l'exercice de son art dans nos montagnes du Jura ; qui
regardiez comme le garant de votre reconnaissance
envers lui, ce service rendu à la chose publique,
dans un pays où les hommes sont tentés d'accu-
ser le Ciel de la sévérité du climat et de la stéri-
lité de la terre ; vous enfin qui déclariez au Ministre
de l'Intérieur, que l'âge et les infirmités qui vont à
sa suite, réunis aux talens, et, à ce qui vaut mieux
encore, à la plus respectable conduite, recomman-
daient puissamment l'honnête, l'utile, le bon
Janvier ;... daignez recevoir avec ce livre, le témoignage public de la reconnaissance et de la pro-
fonde sensibilité que je conserve dans une ville où
il faut en quelque sorte oublier la nature, les
hommes et son cœur.

F I N.

EXTRAIT

Du Journal de Paris, du 19 avril 1812.

« M. Clément des Rousses, Géomètre employé au Cadastre dans le département du Jura, a imaginé une Planchette accompagnée d'une vis de rappel qui en facilite le mouvement. Cette vis peut facilement s'adapter aux autres planchettes. Le même Géomètre a également imaginé une Alidade à niveau, au moyen duquel on place la lunette de manière qu'elle se meut toujours dans le plan vertical.

» M. Prony, Membre de l'Institut, Inspecteur et Directeur de l'Ecole des Ponts et Chaussées, après avoir examiné ces diverses pièces, a reconnu que les changemens que M. Clément a faits aux constructions anciennes, sont de vraies améliorations susceptibles d'être utilement appliquées pour la précision des opérations géodésiques, etc. »

L'approbation de M. Prony, si encourageante pour celui qui la mérite, nous impose l'obligation de réclamer contre les prétentions du Géomètre, qui se dit l'inventeur des objets soumis à l'examen de ce savant, et nous avons l'espérance que MM. les Ingénieurs qui ont dirigé les opérations du Cadastre, dans les montagnes du Jura, rendront justice à l'artiste qui a conçu et exécuté le premier les *améliorations* approuvées par M. Prony.

C'est M. Joseph Janvier, Horloger-Mécanicien, Associé correspondant de l'Athénée des Arts, à Saint-Claude, département du Jura. Nous en avons la preuve écrite, dans une lettre qu'il nous adressait en 1806 (*), avec les développemens de sa première alidade à niveau, déjà exécutée à cette époque.

La planchette à vis de rappel n'appartient pas plus à M. Clément, et nous ne le croyons pas fondé à se dire l'inventeur d'objets dont il n'a pris l'idée que sur les pièces composées et exécutées par M. Joseph Janvier dès 1806, et alors (1812) en usage depuis plus de trois ans, avec le succès le plus complet.

____

(*) On sait que les lettres reçoivent au bureau de Paris l'empreinte d'un timbre qui indique l'année, le mois et le jour de leur distribution; et cette espèce de contrôle serait une preuve suffisante de la priorité qui appartient à M. Joseph Janvier, quand MM. les Géomètres employés au Cadastre n'auraient pas été en possession de l'alidade à niveau qu'il avait imaginé pour leur usage dans les montagnes.

Les éloges de M. Prony sont trop honorables, et nous y attachons un trop grand prix, pour ne pas les revendiquer en faveur d'un artiste que ses talens distingués placent au premier rang parmi nos compatriotes du Jura.

EXTRAIT

D'un Rapport sur un ouvrage de M. Janvier, ayant pour titre : Des Révolutions des Corps célestes par le mécanisme des rouages.

INSTITUT DE FRANCE.

Classe des Sciences Physiques et Mathématiques.

Le Secrétaire perpétuel pour les Sciences mathématiques, certifie que ce qui suit est extrait du procès-verbal de la séance du lundi 19 juillet 1813.

La Classe a nommé deux commissaires pour lui rendre compte de l'ouvrage de M. Janvier ; l'un des deux a fait valoir de bonnes raisons pour se dispenser de cet examen. L'autre commissaire ne peut donc présenter ici que son opinion particulière, qu'il soumet au jugement de la Classe.

L'auteur, après un Avertissement où il rend compte de ses premières études et de ses premiers essais dans un genre où il s'est véritablement distingué, donne une traduction de l'Écrit posthume dans lequel Huyghens nous a laissé une description incomplète de son Planétaire. Cette traduction est accompagnée de notes où l'on trouve des explications utiles, la rectification de quelques passages du texte, et quelques idées pour la plus grande perfection de la machine; mais ce qui assure à cette traduction un grand avantage sur l'original, ce sont les figures dessinées avec beaucoup de soin par M. Janvier, et gravées avec autant de précision que de netteté par M. Leblanc.

Dans la seconde partie, l'auteur expose la construction d'une machine qu'il avait exécutée à l'âge de 20 ans, dans le système de l'abbé Tournier, son maître, qui ne laissait à la Terre que le mouvement diurne sur son axe : malgré l'inexactitude de l'idée fondamentale qui lui avait été suggérée, et qu'on ne peut lui imputer, on ne peut s'empêcher de reconnaître, dans les divers moyens employés par l'artiste, une adresse et une sagacité qui promettaient tout ce qu'il a fait depuis pour le système véritable.

La troisième partie est consacrée à la description d'une machine planétaire plus complète que celles qui ont été exécutées jusqu'à ce jour. Elle commence par quelques réflexions critiques sur la sphère d'Huyghens, et nous conviendrons que ces remarques ne manquent pas de justesse. Dans cette nouvelle machine, l'auteur se propose de représenter les périodes de toutes les planètes, depuis la Terre jusqu'à Uranus, les révolutions des satellites de Jupiter, de Saturne, d'Uranus même ; la rétrogradation des nœuds de la Lune et des points équinoxiaux, les éclipses du Soleil et de la Lune, *avec tant de préci-sion que, dans l'espace de vingt siècles, on puisse voir sans erreur sensible, la situation respective des corps célestes, soit entre eux, soit à l'égard de la Terre.* Une grande planche montre la disposition générale, la situation et le nombre des ronages ; une autre planche développe le mécanisme qui produit les révolutions de la Terre, de la Lune et de ses nœuds : mais c'est là que se bornent les éclaircissemens ; l'auteur s'est réservé le secret du nombre de dents qu'il se propose de donner à ses roues et à ses pignons. Il nous est donc impossible d'asseoir un jugement sur ce projet, qui aurait droit de nous paraître gigantesque s'il était proposé par tout autre ; mais, après ce que l'auteur a déjà fait, il semble qu'il ne soit pas permis de douter du succès, puisqu'il n'aura qu'à faire usage de combinaisons qui lui ont déjà réussi. Nous ne faisons aucun doute qu'une pareille machine, exécutée avec tout le soin et l'habileté que peut y mettre un artiste tel que M. Janvier, ne fût un chef-d'œuvre curieux bien digne d'intéresser quelque riche amateur, qui pourrait faire un emploi moins louable de sa fortune.

Dans une quatrième partie, M. Janvier donne la construction d'un Jovilabe propre à montrer en tout tems les configurations des satellites de Jupiter, les effets de la parallaxe annuelle, et l'annonce des éclipses moyennes de ces satellites. Cette machine est jolie et curieuse ; on en pourrait faire de pareilles pour les satellites de Saturne et d'Uranus. Cette idée qu'a eue M. Janvier, de séparer ainsi les mondes des trois planètes supérieures, qui forment de petits systèmes comparables au système général, nous dit peut-être ce qu'il conviendrait de faire pour n'exagérer ni les dimensions, ni les frais des planétaires ; ce serait de représenter ainsi séparément tout ce qui demande des détails trop compliqués, et de ne laisser dans le planétaire général que les révolutions moyennes, en réduisant le tout à des dimensions moins coûteuses.

L'auteur a donné une seconde application de cette idée, en décrivant une sphère plus simple, destinée à représenter les mouvemens apparens du Soleil et de la Lune.

M. Janvier s'était proposé d'ajouter une description de la sphère présentée à l'Institut en 1800. Nous avons vu onze planches gravées (*) qui devaient accompagner l'ouvrage, et dont il n'a publié que la première, qui sert de frontispice à son livre. Le lecteur regrettera sans doute que des circonstances fâcheuses l'aient forcé de supprimer des notions qui, en assurant ses droits comme inventeur, auraient ajouté à sa réputation et donné aux autres artistes qui voudraient se livrer à ce travail ingrat et peu fructueux, les moyens de profiter de ses idées et de ses longues recherches.

Nous ne pouvons en cet instant que reproduire

(*) Les planches que de fâcheuses circonstances nous ont forcé de supprimer, renferment ce que nous avons fait de plus curieux en ce genre, et particulièrement le mécanisme de la sphère mouvante placée au palais des Tuileries, et que nous avions composée pour Louis XVI, dans nos jours de prospérité.

les conclusions que nous faisions, MM. Coulomb, Ferdinand Berthoud et moi, le 31 janvier 1800, et qui ont reçu la sanction de la Classe, c'est-à-dire, que M. Janvier *mérite des éloges et des encouragemens pour l'adresse, l'intelligence et les combinaisons ingénieuses qu'on remarque dans sa sphère mouvante, et par la manière neuve dont il a représenté la différence du tems vrai au tems moyen,* etc. Nous desirons que son Excellence le Ministre de l'Intérieur puisse trouver d'autres moyens pour récompenser un artiste très-estimable, et le dédommager des dépenses auxquelles son goût pour ce genre de recherches l'a constamment engagé ; et nous ajouterons que les chefs d'établissemens publics, qui seraient dans l'opinion que les machines de ce genre peuvent être utiles à l'instruction, ne pourraient mieux faire que de s'adresser à l'artiste, qui a tant de droits à leur confiance.

Signé DELAMBRE, Rapporteur.

La Classe approuve le rapport et adopte les conclusions.

Certifié conforme à l'original,

Le Secrétaire perpétuel, Chevalier de la Légion d'Honneur,

Signé DELAMBRE.

TABLE

DES TITRES ET ARTICLES

Contenus dans cet Ouvrage.

CINQUIÈME PARTIE.

Usages des mesures du Tems dans les sciences positives, etc.

SIXIÈME PARTIE.

Des moyens de connaître, de gouverner et de régler les montres.

Remarques sur les Pendules.

SEPTIÈME PARTIE.

Des mesures naturelles du Tems et des méthodes pour régler les Montres et les Pendules par leur moyen.

FIN DE LA TABLE.

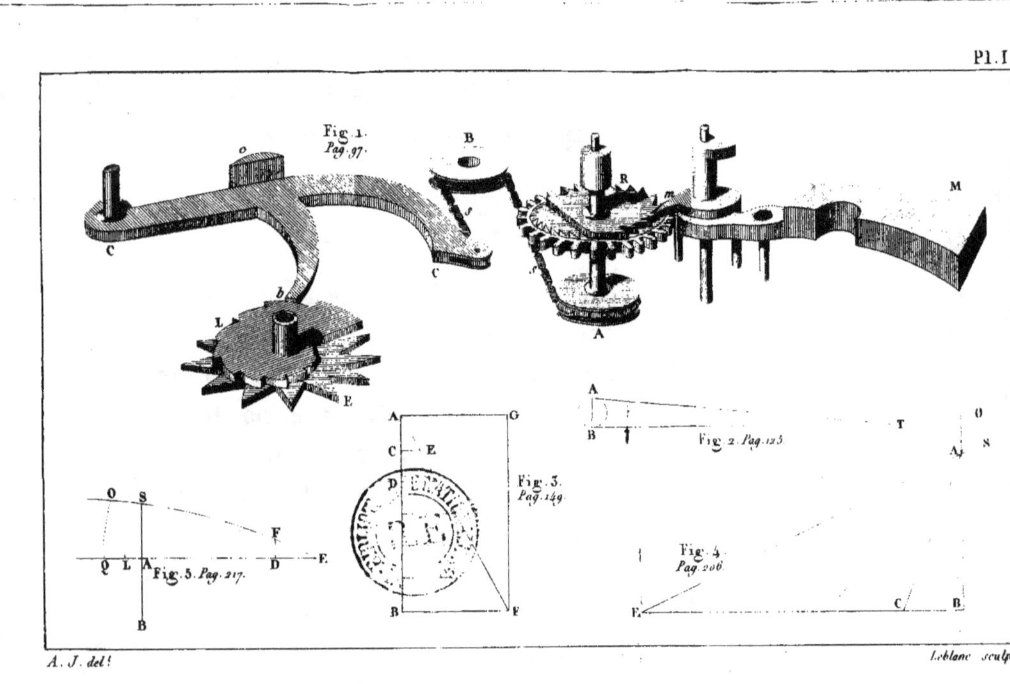
Fig. 1.
Pag. 97.
Fig. 2. Pag. 123.
Fig. 3.
Pag. 149.
Fig. 4.
Pag. 206.
Fig. 5. Pag. 217.

A. J. del.
Leblanc sculp.

Fig. 7. *Pag. 105 et 106.*

Fig. 6. *Pag. 104.*

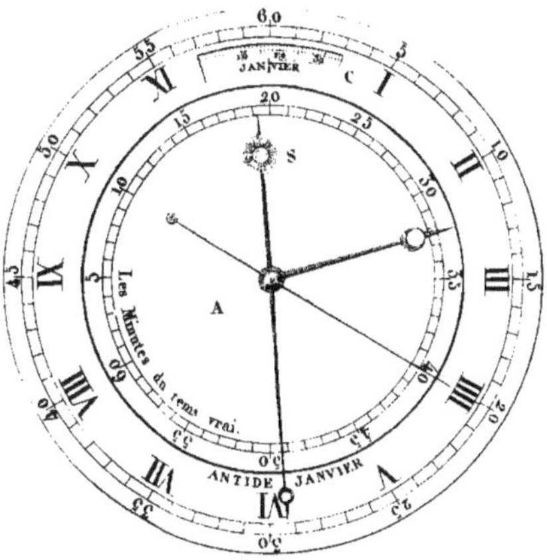

A. J. del.^t

Leblanc sculp.^t